U0151381

图书在版编目（CIP）数据

航空航天纺织品探秘 / 徐卫林等编著. —武汉：湖北科学技术出版社，2022.4

ISBN 978-7-5706-1885-9

Ⅰ. ①航… Ⅱ. ①徐… Ⅲ. ①航空工程–纺织品②航天工程–纺织品 Ⅳ. ① TS1

中国版本图书馆 CIP 数据核字 (2022) 第 032300 号

航空航天纺织品探秘
HANGKONG HANGTIAN FANGZHIPIN TANMI

特约策划：李小虎 陈玉芬
策　　划：邓　涛
责任编辑：罗　萍 王　璐　　责任校对：陈横宇
助理编辑：柯晓昱 冯　竹　　美术编辑：曾雅明

出版发行：湖北科学技术出版社　　电话：027-87679468
地　　址：武汉市雄楚大街 268 号　　邮编：430070
（湖北出版文化城 B 座 13~14 层）
网　　址：http：//www.hbstp.com.cn

印　　刷：武汉市洪林印务有限公司　　邮编：430065

710 × 1000　1/16　14 印张　160 千字
2022 年 4 月第 1 版　　2022 年 4 月第 1 次印刷
本书部分图片由视觉中国授权出版　　定价：88.00 元

序

在历史发展的长河中，人类从未停止过对浩瀚星空和广袤宇宙的好奇与探索。从中国古代的“嫦娥奔月”神话，到苏联航天员加加林第一个进入太空，再到美国的“阿波罗 11 号”成功把第一名航天员送上月球，其中经历了漫长的求索之路。如今，航空航天领域的发展已经成为国家科技水平和综合国力的重要体现。

在人们的传统认知中，纺织还没有脱离先辈黄道婆的影响。20 世纪 70 年代长沙马王堆汉墓出土的素纱褝衣，彰显了我国古代纺织科技的力量。不过，纺织的行业属性，很难让人将它与那些“高大上”的航空航天科技联系在一起。我们出版本书的初衷，就是要告诉大家，航空航天领域到处都有纺织品的身影，它甚至能影响到某些航空航天产品的研发进程。在航空航天领域，航天服、代偿服、降落伞、内饰材料，飞机、飞艇、火箭、导弹、卫星、宇宙飞船等产品中的隔热骨架和增强材料，以及太阳能电池板、雷达天线罩等重要的异型功能结构件都用到了纺织材料。这些应用，处处彰显着纺织的优势与不可替代性，也凝聚了众多科研工作者的智慧与心血。

那么，纺织业与航空航天领域究竟是怎样产生联系的呢？有哪些纺织材料可以应用到航空航天领域，它们的特点是什么？纺织业如何助力航空航天事业的发展？这些谜题，将在本书中被一一解答。我们希望以不同的视角为您呈现一个传统行业的新亮点，让您认识不一样的纺织世界。

中国工程院院士 徐卫林

2022 年 1 月 10 日于武汉

徐卫林

中国工程院院士

纺织工程专家，博士生导师，长江学者特聘教授。

湖北省黄冈市人。1997 年毕业于东华大学，获工学博士学位。曾任中国纺织工程学会副理事长，现任武汉纺织大学校长、纺织新材料与先进加工技术省部共建国家重点实验室主任。

长期从事先进纺纱技术与纺织品领域的研究，研发了嵌入式复合纺纱和重集聚纺纱技术，促进了毛纺和棉纺等纺纱产业的发展；突破了高性能纤维纱线及其制品的关键技术，服务国家航空航天工程需求；创新了差别化纱线的生产技术与产品开发；发明的纺织品三维动态导水性能检测技术已成为国际标准。以第一作者或通讯作者发表 SCI 论文 151 篇，出版中文专著 2 部，参编英文专著 1 部，授权中国及美国发明专利 75 项。

获国家科技进步一等奖 1 项（排序 2）、国家技术发明二等奖 1 项（排序 1）、省部级一等奖 3 项（排序 1），获美国纤维学会杰出成就奖、湖北省科学技术突出贡献奖、何梁何利基金奖。

本书编写组成员来自武汉纺织大学徐卫林院士团队，该团队长期致力于纤维材料及纺织品加工技术的研究，研究成果广泛应用于航空航天、国防军工、生物医疗等领域。

团队成员主持和参与国家国防科工项目、国家重点研发计划、国家科技支撑计划、973 国家高新技术基础研究、国家自然科学基金等多项国家级科研项目；获国家级、省部级科技奖励多项；取得了“嫦娥五号”月面国旗、火星着陆器耐高温弹性密封装置、嵌入式纺纱技术、小口径人造血管等一批代表性的科研成果。

徐卫林院士与本书编写组成员合影

CONTENTS/目录

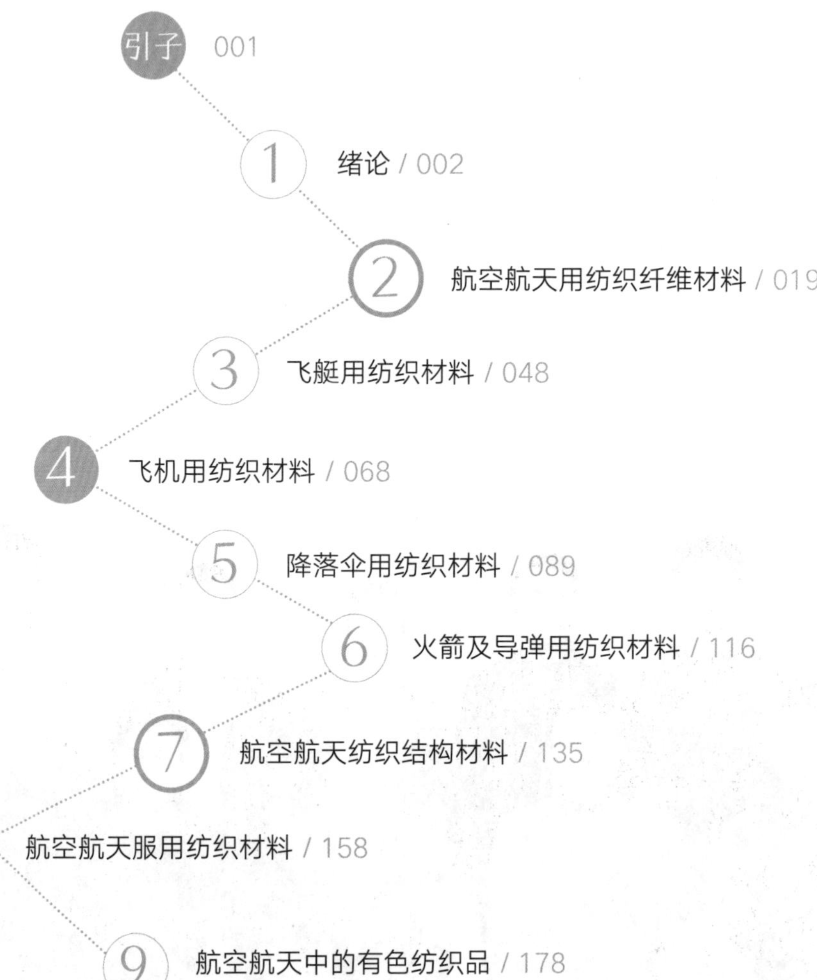

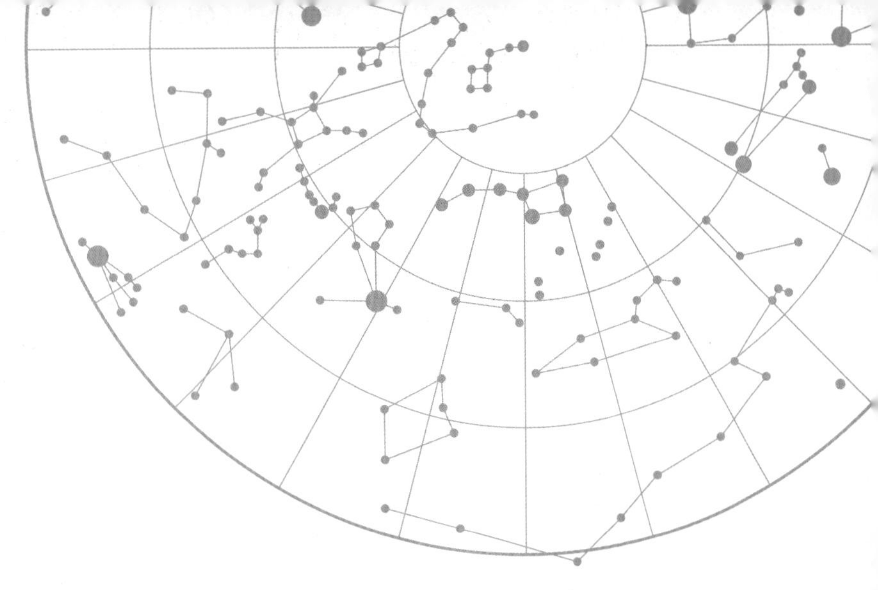

引子

2020 年 12 月 4 日，国家航天局公布了探月工程“嫦娥五号”探测器在月球表面国旗展示的照片，这是无温控保护的“织物版”五星红旗第一次在月球表面独立动态展示，真可谓旗开月表，五星闪耀。

由于太空环境极其复杂，紧密卷绕的月面国旗在随“嫦娥五号”飞往月球的途中，需经历高真空、高低温循环等恶劣环境，展开后又将直面宇宙辐射，这些都是对月面国旗色牢度的极大考验。

中国工程院院士、武汉纺织大学徐卫林教授团队历时 8 年、砥砺前行，攻克了高模量差异纤维高品质纱线制备的技术难题，制备出了高品质月面展示国旗面料，创造性地以蚕丝粉体构建国旗颜色，研发出体现中国特色的耐极端环境条件的高性能纺织品国旗。

2021 年 2 月 22 日，国家领导人在人民大会堂亲切接见了探月工程“嫦娥五号”任务参研参试人员代表，徐卫林院士受邀参加。

……

1 绪论

图 1–1　翼装飞行

一　引言

当我们看到张家界国际翼装飞行比赛的参赛者，身穿用纺织品武装起来的飞行服穿过天门洞时，不禁感到惊诧，人类终于可以不用借助任何动力翱翔在天空！这一幕让人回想起祖先为了像鸟儿一样飞翔而浑身插满羽毛的模样。曾记否？多少怀揣飞翔梦想的人为了突破人类的极限而失去了性命，先辈们虽有梦想，但是缺少实现梦想的手段。今天，纺织品帮助人类实现了像鸟儿一样飞翔的理想（图1–1）。最早的纺织品主要用于满足人类保暖蔽体的基本需求，而长沙马王堆出土的素纱禅衣则体现了纺织的其他功能，既美观又实用。老祖宗几千年前的创造，至今仍然充满了纺织的科技含量。曾几何时，纺织已经脱离了人类的传统认知，变得可以上天入地，几乎无所不能。

爱迪生为了发明电灯，做了许多实验。有一次，他看到朋友的胡子是黄色的，就想，黄色的胡子与平常看到的黑色胡子一定不一样，于是就拿黄色胡子来做灯丝。结果可以想象，当然是以失败告终。爱迪生的实验结果无关紧要，重要的是他那丰富的想象力与勇于开拓的创新精神（图 1–2）。这种创新精神使科技不断发展、社会不断进步，纺织与航空航天进行跨界探索时，亦秉持了这种精神。

图 1–2　爱迪生

科学家们运用纺织产业固有的优势，织造出了航天服；运用创新的方法，将纺织品应用到了火箭、导弹、卫星、飞船和空间站上面。“高大上”的航空航天领域充满了纺织品的身影，甚至于如果没有纺织这一传统行业的加入，一些关键技术难题就无法解决。

的确，对于我们所不熟悉的领域，很难建立起相对直观的联系。千百年来，对于纺织品，大多数人的印象还停留在服装、家纺上。其实，经过这么多年的迅猛发展，随着新纤维、新技术不断地涌现，纺织业已经发生了翻天覆地的变化，其应用范围在不断地扩展，有些甚至颠覆了人们的传统认知。了解纺织品在航空航天领域的应用，将让我们重新认识和审视纺织这一传统行业。

二 航空、航天的概念及深度和广度

航空、航天这两个词经常一起出现，非专业人士很难分辨清楚。究竟什么是航空、什么是航天，它们之间到底有啥区别呢？

像飞机、飞艇等飞行器在地球大气层中所开展的飞行活动即为航空；而航天是指卫星、宇宙飞船等飞行器在地球大气层以外空间所进行的活动。简单来说，由飞行器是否飞出大气层可知什么是航空，什么是航天。但有时也难以进行严格地区分，如火箭和导弹在发射升空以后，既会在大气层中飞行，也会进入太空中。航天器在发射及返回（再入）时都要经过大气层，从而使航空、航天之间产生了必然联系。把“航空航天”一词作为一个整体进行解读，应该是针对飞行器在大气层中或者是在太空中的飞行活动轨迹，例如前文提到的火箭和导弹，或者航天返回舱。从广义而言，航空航天领域所涉及的范围更大，不仅包括飞行器在大气层内外的飞行活动，还包括与航空航天研究相关联的学科知识，以及研制各类航空器、航天器所用到的科学技术。

宇宙浩瀚无际，人类受自身科技水平和眼界的局限，就人类能够探索到的宇宙深度和广度而言，目前仅仅是冰山之一角，还有太多的未解之谜等着人类在未来去解开。

地球由于引力的作用将一些混合性气体吸附在其周围，构成了大气层，这层混合性气体也被称为空气。空气成分相当复杂，不是固定不变的，主要包括：氮气、氧气、一些稀有气体（如氦气），以及少量的二氧化碳、水蒸气和其他成分。大气层的厚度在1000千米以上，再往外就到星际空间了。

在国际上，根据大气层厚度的不同，将其分为对流层、平流层、中间层、暖层和散逸层五层（图 1–3）。其中，对流层的平均厚度约为 12 千米，是紧挨着地面的一层，这个区域的空气密度最大，约占大气层总质量的 75%。大气层中 90% 以上的水分都集中在这一区域，云、雾、雨、雪、雹、霜、露等主要天气现象都在这一区域出现，并且气温随着对流层高度的增加而降低。此层与人类活动的关系最为密切。平流层距地表 12 ～ 50 千米，此层中晴朗无云，基本没有水汽，大气稳定，很少发生气候波动，非常适合飞机的飞行。在距地表 50 ～ 85 千米的区域为中间层，空气对流活动强盛。暖层位于距地表 85 ～ 800 千米的高空，此层空气稀薄，温度高，宇宙飞船、人造卫星等航天器大多在此层飞行。散逸层即外层，为大气层

图 1–3　大气层的分层及厚度

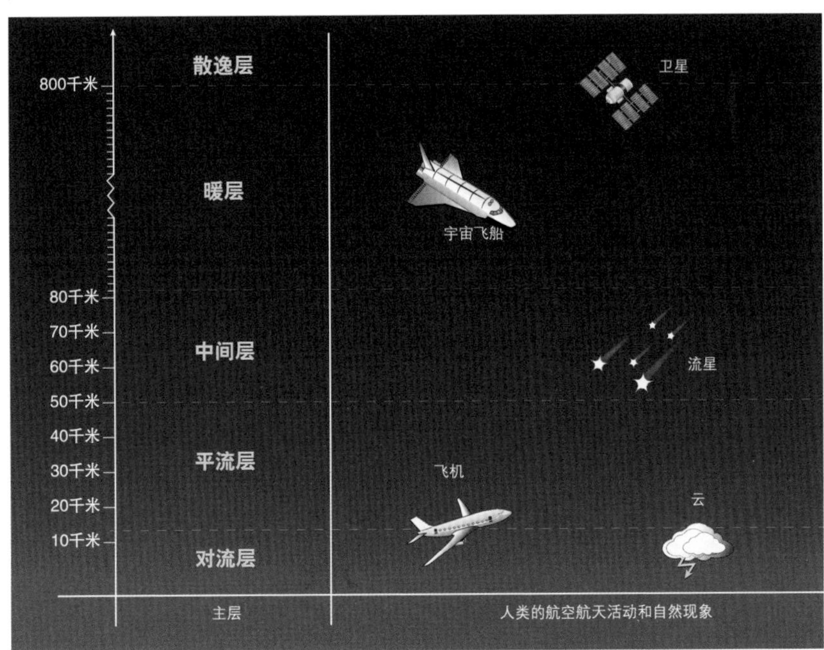

的最外层。在这个区域，大气层向星际空间逐渐过渡，边界不清晰。此层空气极其稀薄，温度极高。

不同型号的航空器，其飞行高度有所不同。根据我国民用航空局规定，中型以上的民航客机主要在平流层附近飞行，其飞行高度一般控制在 7 ～ 12 千米，以每千米为 1 个飞行高度层计算，共有 6 个高度层。小型飞机的活动区域一般在 3 千米以下。直升机的飞行高度较低，民用直升机的升限一般为 2 ～ 4 千米，军机可达 6 千米，美国“美洲鸵号”直升机曾经创造过飞行高度为 12.442 千米的飞行纪录。超声速飞机的飞行高度常限于 30 千米以下，也基本在平流层飞行。无人机的飞行高度可达 18 千米，甚至更高，也可以在几十、上百米的低空飞行，飞行高度视执行的任务而定。侦察机的飞行高度一般在 20 ～ 30 千米。战斗机（歼击机）的飞行高度基本限制在 20千米以内，如国产“歼 –20”战斗机的最大飞行高度约为 18.5 千米。

航天器的深空探测范围差异也是比较大的。目前航天器到达的最远距离世界纪录，是由美国国家航空航天局 (National Aeronautics and Space Administration，NASA) 于 1977 年 9 月 5 日发射的“旅行者 1 号”探测器所创造的。那里距离地球约为 226 亿千米，处于太阳系边缘。无人探测器登陆过的最远的星体非火星莫属。2021 年 5 月 15 日，这是一个值得纪念的日子！由中国自主研制的“天问一号”火星探测器成功登陆火星，并对火星开展多项科学探测。1969 年 7 月 20 日，美国航天员阿姆斯特朗等人乘坐的“阿波罗 11 号”宇宙飞船成功登陆月球，这是人类迄今为止所能到达的最远距离，距地球约为 38.4 万千米。正如阿姆斯特朗所说：“这是我个人的一小步，但却是全人类的一大步。”从古代的“嫦娥奔月”美丽传说，到现在的“嫦娥五号”蟾宫折桂，中国人的探月之旅从未止步，也取得了令人瞩目的成绩。2020 年 12 月 1 日，“嫦娥五号”带着中华民族数千年的梦想和祈愿顺利登陆月球，并于 2020 年 12 月 17 日携带月球样品顺利返回地球。至此，中国探月工程在实施之初制定的“绕、落、回”三步走的战略目标圆满收官，这标志着中国航天事业向前迈出了重要的一大步。（图 1–4）

图 1–4　不同型号的探测器

“阿波罗 11 号”

“嫦娥五号”

“旅行者 1 号”

“天问一号”

三 航空航天纺织材料及纺织品的历史沿革

自古以来，人类就对“天空”产生了无限的遐想，总想亲自飞上去看一看，如中国的“银河”“嫦娥”“神仙”等无不寄托着人们朴素的飞天梦想。在人类历史上，首次利用固体火箭尝试“飞天”的人是明朝的万户。他曾把几十枚“火箭”绑在椅子上，然后手举大风筝坐上椅子，想利用“火箭”燃烧产生的推力将自己送上天，再利用风筝平稳着陆。理想很丰满，现实却很残酷。在点火后，“火箭”装置发生了爆炸，万户也因此付出了生命的代价。尽管这是一次失败的飞行试验，但却深深地影响着后来热爱航空探索的人们。1970年4月24日，中国成功发射了第一颗人造地球卫星——“东方红一号”，这无疑是中国航天发展史上的一个重要的里程碑，它宣告着一个东方航天大国的崛起。从某种意义上说，航空航天发展史是一部材料的发展史，而其中的纺织材料又占据着举足轻重的地位。

1903年12月17日，美国的莱特兄弟成功试飞人类历史上的第一架飞机——“飞行者1号”（图1–5），从此开启了航空器研发的新篇章。兄弟俩为了减轻飞机的质量，将飞机的机翼表面用棉布包裹，再将棉布固定在木制的翼肋上。此时，棉布不仅承受着飞行的负载，也承受结构的阻力与惯性。在此阶段，一些天然纤维，如棉、麻、丝、毛等纺织原料成为第一代航空航天纺织材料。这些天然纤维材料目前在航空航天领域的应用，主要为各类人员穿着的服装、鞋帽，尤其是内衣，以及航空航天飞行器中的内饰材料等。历史上早期的热气球，其球囊材料大多为亚麻、丝绸等第一代航空航天纺织材料。待合成纤维问世以后，球囊则主要由尼龙或涤纶等合成纤

图 1–5 莱特兄弟发明的飞机

维材料制成。

第二代航空航天纺织材料即为合成纤维材料。从广义上讲，现在广泛使用的特种高性能纤维基本属于合成纤维材料，但此阶段的材料主要是指涤纶、尼龙等普通合成纤维。如早期飞艇上的气囊材料，多采用涤纶、尼龙等合成纤维，可有效防止填充气体的泄漏。合成纤维的另一个应用场景是各国的旗帜，如美国“阿波罗 11 号”航天员登月时在月球表面插上的美国国旗，据说就是尼龙材质。在早期，降落伞布主要是由蚕丝、棉、麻等天然纤维材料制成，后来逐渐被尼龙所取代。随着凯夫拉等新型纤维的出现，降落伞的品质和性能也在不断提升，可满足降落伞在不同场合的需求。合成纤维的另一个重要应用领域是航天员的航天服。值得一提的是，2021 年 6 月 17 日，我国成功发射了“神舟十二号”宇宙飞船。7 月 4 日，乘组人员出舱时穿的航天服正是我国自主研制的新一代"飞天"舱外航天服，其功能相当于一个微型的载人航天器。

随着世界航空航天事业的蓬勃发展，越来越多的特种高性能纺织纤维材料被广泛应用于飞行器的设计和制造中，即第三代航空航天纺织材料。其中有些产品和技术长期被日、美等发达国家垄断，如碳纤维。经过长期的努力，我国目前在碳纤维的研制方面取得了重大的突破，T800 碳纤维系列产品已经完全实现了国产化，打破了国外的技术封锁，相关产品已经成功应用于飞机、火箭、导弹、卫星、飞船、太空舱等。碳纤维、芳纶纤维、玄武岩纤维，以及超高分子量聚乙烯纤维等材料被列为我国重点发展的特种纤维，它们在航空航天领域都有着重要的应用。另外，石英纤维、碳化硅纤维、三氧化二铝纤维、聚苯硫醚纤维、聚芳酯纤维、聚四氟乙烯纤维、金属纤维等纺织纤维材料以其独特的功能和优势，也广泛应用于航空航天的不同领域。

四 航空航天纺织材料的特点及要求

说到纺织纤维，我们每个人都不会陌生，毕竟衣服、手套、鞋帽、窗帘等就是由纺织纤维制成的纺织品。毫不夸张地说，只要有人在的地方就有纺织品。那么这里提到的纺织纤维、纺织材料、纺织品，它们之间是什么关系呢？

在日常生活中，我们常常能够看到纤长而细小的东西，如动物的毛发、衣服或床单上掉落的绒毛等，这些就是纤维。纤维中的“纤”是尺度上的概念，指细小的意思；“维”是维度上的概念，可以理解为一维长度。纤维是指那些连续（或不连续）的一维细长的丝状物质，一般要求长径比在数百倍以上。纺织纤维指长度在数厘米以上，具有一定的强度、挠曲性和服用性能，可以制备成纺织品的纤维。纺织材料所涉及的范围一般较广，包括纺织纤维原料及其制品（纺织品），具体有纤维、纱线和织物等多种呈现形式。

由于航空航天的环境复杂，对于飞行器来说，这是极大的考验。于航空器而言，因其主要是在对流层和平流层活动，大气的影响是主要的。航空器在飞行的过程中，可能会受到气流的冲击作用而产生颠簸、抖动等现象。快速飞行时，还会因为与大气剧烈地摩擦而产生大量的热。大气中的臭氧等化学物质也会对航空器产生腐蚀作用。因此，要求航空材料能够抗疲劳、耐冲击、耐高温、耐腐蚀，并且强度高。航天器的工作环境更严苛，在飞行过程中可能会受到高低温循环、热真空、超低温、紫外线辐射、高能射线、原子氧等极端环境的影响，尤其对于某些需要再返大气层的航天器而言，如火箭、导弹等，还需要能够耐受极端高温。因此，航天材料要能够

耐高低温、抗紫外线、防辐射，还要具备高强度。涉及航空航天人员的纺织材料，其重要的作用是保证航天员的飞行安全（或出舱安全），还要考虑舒适度问题。因此，航天服用的纺织材料必须能够抗菌、舒适、阻燃、高强度、高弹性、抗静电、防辐射等。当然，一种纺织材料难以同时满足上述要求，往往需要将多种纺织材料组合在一起共同发挥作用。

纺织纤维来源广泛、种类繁多。按其来源总体上可以分为两大类，即天然纤维和化学纤维。由于对材料有特殊要求，并不是所有的纺织纤维都能应用于航空航天领域。对于航空航天领域适用的各类纺织纤维的结构、性能、特点，以及适用范围等具体内容，我们将在本书第二部分进行详细介绍。

五　航空航天纺织品中纱线和织物的特点及要求

像乱麻一样的原纤维处于杂乱无章的状态，这样就不会有很好的力学性能。为了增强纺织材料的应用性能，要对纺织材料进行纺织加工处理，使之具备一定的形态，如纱线、织物等，它们都是纤维的集合体。

纱线是纤维形成织物过程中的再制品，它起到了承上启下的作用，成纱的过程就是将纤维加捻抱合而拧成“一股绳”。对于航空航天纺织品中的纱线而言，其基本要求是“洁、匀、强”。“洁”即光洁，指的是纱线的表面没有绒毛，只有光洁的纱，才能织造出平滑的布。“匀”指的是一根纱线粗细均匀，不能出现大肚纱或弱节。

粗细均匀的纱线，是织造出厚薄均匀一致织物的前提。“强”即强度，纺出的纱线要很结实，这样才能保证织出结实的布。其中，结实耐用、强度高，是航空航天领域对纱线最突出的要求。符合这些要求的纺纱方法有嵌入纺、紧密纺等。值得注意的是，有时会通过编织的方法，将纱线直接纺制成条、带、绳、缆、索、网等（而不是织成布）应用在航空航天产品中。另外，对于大多数长丝产品而言，一般可不经过纺纱而直接使用（有时需要加捻以提高其抱合性）。

用于航空航天领域的纺织品种类繁杂，概括起来主要包括绳、缆、索、机织物、针织物、无纺布、三维立体编织物等。其中，绳、缆、索主要用于一些特殊的场合，常见的有航天员出舱绳、救生索、太空拖拽缆绳、降落伞绳等。机织物主要用作飞行服、航天服、代偿服等航空航天服装的面料，以及降落伞的伞面材料等，织物组织结构以平纹较常见，其结构致密，交织点多，强度高。针织物主要用作航空航天服装的内层材料，线圈结构组织松散、舒适。三维立体编织物是航空航天飞行器中应用广泛的织物结构形式。由于纺织纤维质量轻、高强度、高模量，且柔软易弯曲的特点，能够按照工艺要求编织成为三维立体的形态，尤其对于那些异型的结构件，能彰显其独特的优势。常用的纤维材料主要有碳纤维、石英纤维等。将三维立体织物作为骨架材料，经过与高分子树脂复合处理以后，制备成为树脂基纤维增强复合材料。由于具有质量轻、高强度、高模量、尺寸稳定，以及耐高温、抗腐蚀、防辐射等诸多优点，使得纤维增强复合材料在航空航天领域有着广泛的应用。

六 航空航天领域纺织品应用概述

现在，纺织品已经应用到了航空航天领域的方方面面，概括起来主要包括以下内容。

(1) 飞艇、飞机等航空飞行器。纺织品在这些航空飞行器中一般是以复合材料或织物的形式出现，尤其是现在的新式飞艇、大飞机中含有大量的纺织纤维材料，具体内容将在“飞艇、飞机用纺织材料”部分中进行详细叙述。

(2) 纱、线、绳、缆、索、网、伞。航空航天中会用到各类纱、线、绳、缆、索，网和伞是由它们编织而成，它们都是纺织纤维不同的集合体形态。对于它们的结构、性质及用途，将会在本书的“降落伞用纺织材料”部分中进行重点阐述。

(3) 火箭及导弹。火箭及导弹中的纺织品单列为一部分进行介绍。火箭及导弹发射或再入大气层是包含航空和航天两个阶段的，二者界限并不是那么分明。

(4) 航空航天领域的结构材料。在航空航天产品中，有很多结构材料是由纺织纤维材料复合而成，它们大多隐藏在航空航天器的内部，承担着重要的结构力学及其他作用。因此，单独作为一部分进行介绍。

(5) 航天服、代偿服及航空航天领域的有色纺织品。纺织材料在这一类产品中的应用是肉眼可见的，将在第八部分和第九部分进行探讨。

2 航空航天用纺织纤维材料

一 引言

大国崛起，建设航空航天强国是题中之义。航空航天强国的建成，需要航空航天科技的支撑。材料科学的日新月异极大程度上影响着航空航天工业的发展。不断研发成功的新材料，包括合金、陶瓷、纤维等，在我国航空航天工业中发挥着极其重要的作用，正所谓“一代材料，一代飞行器”，这是航空航天工业最真实的写照。因此，航空航天科技的发展史归根结底是材料科学的发展史。

作为材料家族中的重要成员和不可或缺的组成部分，纺织纤维材料是通过自然生物体或者人工合成等途径形成的，截面可为各种形状，细而长，且具有一定强度和韧性的丝状物。随着现代科技的不断进步，纤维材料及其纺织品因其优异的综合性能，如强度高、韧性高、质量轻等，不仅可以有效改善航空器或航天器的性能及运行效率，还在航空航天工业的其他领域中占据着极其重要的地位。当前，在军用航空领域，纤维材料主要用于航空器结构材料，以及救生防护材料（如降落伞、防护服、绳、缆、网等）；而在民用航空领域，如大型飞机、应急滑梯、救生筏等装备中也大量使用了纺织纤维材料。对于航天领域而言，目前，纤维材料主要应用于航天器结构材料、防热材料、装饰材料、可伸展结构件、航天器降落或回收过程中的防护和缓冲材料，以及防护服、航天服等。另外，纤维材料也大量应用于火箭、导弹等的壳体材料。

在航空航天工业飞速发展、国际空天竞争日益加剧的背景下，新型航空航天材料不仅要求强度高、质量轻，耐各种深空极端环境，如强射线、强粒子流冲击，高低温循环等，还要求其具备功能化、

图 2–1　纤维材料在航空航天中的应用

智能化、易加工等特点。能满足上述条件的纺织纤维材料，越来越多地被应用于航空航天领域，为航空航天科技的发展注入了新鲜的活力。相信在不久的将来，越来越多的新型功能性纺织材料及纺织品会被更广泛地应用于航空航天领域，这也必将会反哺纺织工业，促使其实现跨越式发展。（图 2–1）

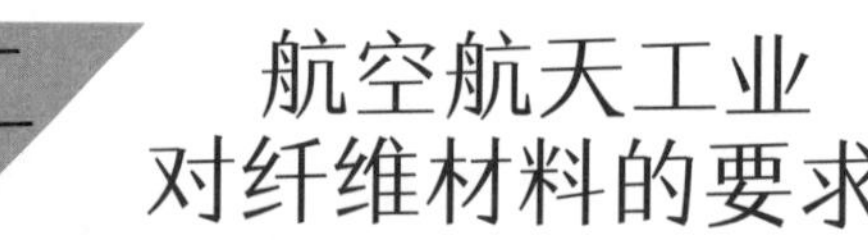

二 航空航天工业对纤维材料的要求

航空航天器的工作条件十分复杂。一般而言，大部分航空器，如飞机、飞艇、热气球等，其活动空间主要集中在对流层和平流层等区域。在对流层里，空气上下对流非常剧烈，风向和风速变幻莫测，再加上风、雨、雾、雪等天气现象，使其环境非常复杂。在平流层里，含有高浓度的臭氧，这些情况决定了航空飞行器工作条件的复杂性。以战斗机为例，其在空中不仅需要极高的机动性，而且还需要全天候的作战能力。因此，制造战斗机的材料需满足强度高、质量轻，且具有优异的抗疲劳性以及耐高温、耐腐蚀等性能。

对于民用飞机而言，安全性、可靠性、舒适性以及制造成本是亟待解决的问题。因此，集高强度、抗疲劳、长寿命、低成本于一体的纺织纤维材料受到了航空航天工作者的广泛关注。对于宇宙飞船、空间站、航天飞机等航天器以及火箭等航天推进装置而言，其主要活动区域在距地球 85 千米以外的大气层中。在这一区域，高能带电粒子辐射（太阳宇宙线和辐射带）、飞行器带电、太空原子氧、高层大气、流星体、太空碎片共六个方面对航天活动具有重要的影响。因此，航天器与航空器的工作环境显著不同，经常处于极端苛刻的环境中，这些环境主要包括：

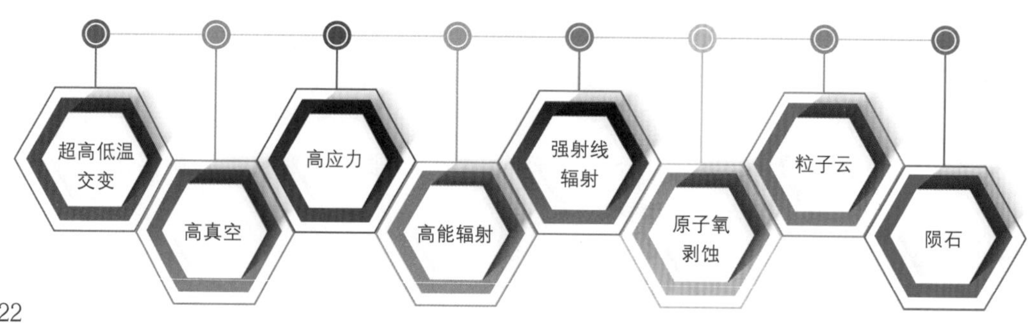

因此，航天材料不仅需要具备航空材料的特性，还要求具有可靠性高、使用寿命长、可设计性强等特点。纤维材料由于具有质量轻、强度高、高性能化、多功能化、智能化等特点，能极大地满足航天器的上述需求。

二 航空航天工业用纤维材料

随着科技的快速发展以及国际形势的日趋复杂，各种新型航空航天器相继被研制出来，人类也开始了漫长而新奇的太空探索之旅，如“登月计划”“探火计划”等。航空航天工业的蓬勃发展，推动了相关配套装备的研制及进程，各种辅助性装备和设施先后出现。其中，最具代表性的纺织纤维材料及其制品起到了无可替代的关键性作用。目前，常见的航空航天用纤维材料主要包括：天然纤维材料、无机非金属纤维材料、合成纤维材料以及金属纤维材料等。（图 2–2）

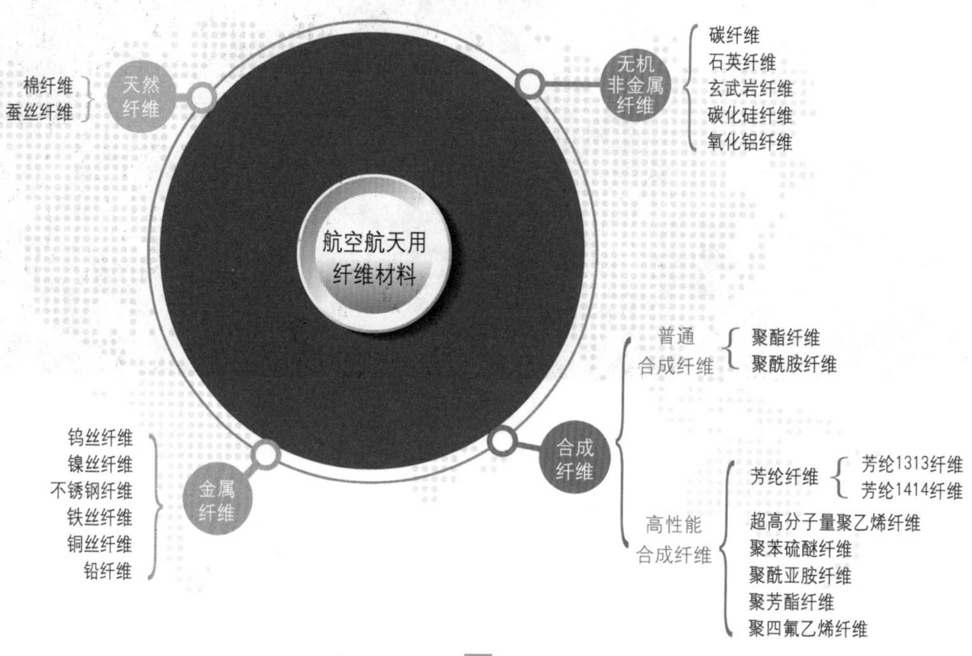

图 2–2 纤维材料的分类

在航空航天领域发展的前期，天然纤维是生产航空航天纺织品的主要材料。随着技术的不断进步，天然纤维的性能已难以满足航空航天领域快速发展的需求。目前，无机非金属纤维材料（主要包括：碳纤维、石英纤维、玄武岩纤维、碳化硅纤维、氧化铝纤维等）与普通合成纤维材料（主要包括：聚酯纤维、聚酰胺纤维等）被广泛应用于航空航天以及相关配套产业。新合成的各种高性能合成纤维材料，如以力学和阻燃性能著称的芳纶纤维及其复合材料、目前世界上比强度和比模量最高的超高分子量聚乙烯纤维及其复合材料、具有良好耐热性能的聚苯硫醚纤维及其复合材料、具有优异隔热和阻燃性能的聚酰亚胺纤维及其复合材料、具有优异化学稳定性和耐腐蚀性的聚四氟乙烯纤维及其复合材料等，在航空航天领域得到了越来越广泛的应用。近年来，金属纤维材料也越来越多地被应用于航空航天领域。下面，为大家介绍上述纤维材料的特征、性能及应用领域。

（一）无机非金属纤维材料

无机非金属纤维材料，是以某些元素的氧化物、碳化物、氮化物、硼化物、卤素化合物以及硅酸盐、铝酸盐、磷酸盐、硼酸盐等物质组成并通过特殊加工制备而成的新型纤维材料。常见的无机非金属纤维材料主要有：碳纤维、石英纤维、玄武岩纤维、碳化硅纤维、氧化铝纤维等。

1. 碳纤维

碳纤维，大家近年来经常听说，无论是军工还是民用的各个领域都离不开它的身影，“材料之王”可不是浪得虚名。碳纤维是既保持了碳材料的属性，又具有纤维特性的无机非金属纤维。碳纤维在生产时是将聚丙烯腈纤维沿其轴向堆砌牵伸，并经预氧化、低温碳化和高温石墨化等处理，让碳原子紧密结合（这种方法主要用于制备高强度、高模量碳纤维），这样就得到了长长的碳纤维（图 2–3）。随着科技的发展，沥青、木质素、黏胶纤维等其他材料，也先后用于碳纤维的制造。碳纤维具有低密度、高强度、高模量，且耐高温、耐腐蚀、抗疲劳、耐磨损等优势，最高抗拉强度达 12GPa，其耐高温性能甚至优于碳纳米管纤维以外的所有化学纤维材料，已广泛应用于航空航天、国防军工等领域，是我国国防建设和国民经济发展的重要战略性材料。

图 2–3　碳纤维长丝

此外，碳纤维优异的力学性能、导电导热性能，以及耐高温、耐化学腐蚀、柔软可编织等特性，使它成为一种重要的结构材料和功能材料。碳纤维一般与树脂类材料、金属类材料、陶瓷类材料进行复合，被广泛应用于制备复合材料或者增强材料。它不仅是制造先进材料及器件的基础，还是制造航空航天等尖端科技产品的最主要材料来源。

2. 石英纤维

石英纤维是一种白色有光泽的无机纤维，主要是由石英砂提炼而成。你能想象石英砂也能做成纤维吗？石英纤维中二氧化硅含量高达 99.9%，直径一般在 1 微米到十几微米。要问起石英砂是怎么做成纤维的，那就要简单介绍一下其制备的工艺流程：先通过对石英砂加工提纯熔融成石英棒，再用等离子法或者氢氧火焰法对石英棒进行加热，拉制成纤维（图 2–4）。石英纤维通过后续加工可以制成有捻粗纱、无捻细纱、织物等产品。可以想象，由石英砂这么坚硬、耐磨、稳定的材料做出的纤维，性能肯定极为优越，事实也正是如此。石英纤维的耐热性能极为优良，工作温度高达 1200℃，最高承受温度可达 1700℃，被广泛应用于宇宙飞船、火箭、导弹上。

同时，石英纤维具有良好的耐化学稳定性、抗烧蚀性、抗热震性等特点。石英纤维的介电性能非常优异，它的介电常数和介质损耗系数在所有已知矿物纤维中是最好的，这是石英纤维实现宽频透波的基础。由石英纤维制备的布料常作为透波复合材料的增强体，被广泛用于超高马赫天线罩材料中。石英纤维还有优良的机械性能，质地较轻，高模量、高强度。因此，石英纤维在航空、航天、军工、

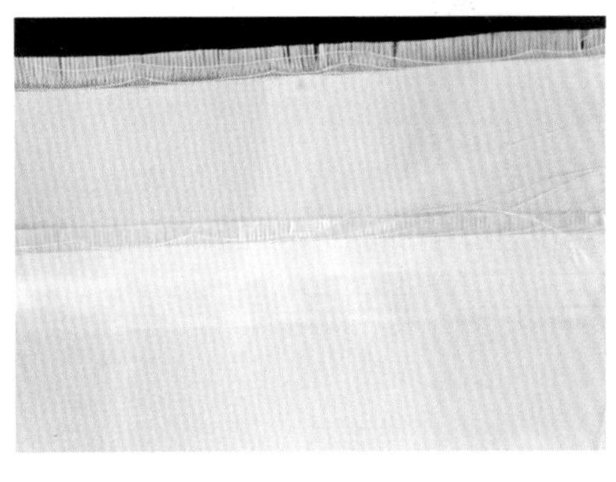

图 2–4　石英纤维与石英纤维布料

半导体、高温隔热、高温过滤以及复合材料增强等方面有着广泛的应用。

3. 玄武岩纤维

提到玄武岩纤维，你可能会比较陌生，如果告诉你它是由石头做成的纤维，你会相信吗？玄武岩纤维是将斜长石、辉石和橄榄石等矿物类原料在 1450 ~ 1500℃熔融后高速拉丝而制成的无机纤维材料（图 2–5），其制备过程与玻璃纤维类似。玄武岩纤维的表面呈现出明显的金属光泽，而且力学性能优异，耐高温、耐腐蚀，是航空航天领域广泛使用的纤维材料。最重要的是，玄武岩纤维原料来源广泛，制备过程除了能耗以外，整个生产过程中产生的废弃物很少，几乎不会对环境造成污染。在所有的无机非金属纤维材料中，它是当之无愧的绿色环保纤维。研究显示，玄武岩纤维可以在 760℃的环境下长期稳定使用，主要用作导弹、火箭、卫星等的隔热材料。随着我国航空航天科技的快速发展，玄武岩纤维必将迎来新的发展期。

图 2–5　玄武岩纤维长丝

4. 碳化硅纤维

碳化硅纤维是一种无机陶瓷类纤维（图 2–6），是的，你没有听错，陶瓷也可以做成纤维！它有普通碳化硅纤维、含钛碳化硅纤维等多种形式。碳化硅纤维具有高温抗氧化性、高模量、高强度、耐化学腐蚀、耐热冲击、耐磨损、耐辐射、抗蠕变、热膨胀系数小、吸收中子、密度小等特点，常作为复合材料的增强纤维使用。碳化硅纤维以其优异的性能，在航空航天领域备受关注，有着巨大的发展潜力。

我国是世界上第三个掌握连续碳化硅纤维生产技术的国家，但是目前在碳化硅纤维的制备中，仍然有很多技术问题需要解决。碳化硅纤维制备加工过程中相关共性问题的攻克，对于提高碳化硅纤维的性能有着极其重要的意义。

图 2–6 碳化硅纤维

5. 氧化铝纤维

氧化铝纤维又称莫来石纤维，实际上它是掺杂了少量二氧化硅的多晶质无机陶瓷纤维材料（图 2–7）。氧化铝纤维具有质量轻、耐腐蚀、热稳定性好等优点，可与树脂等复合后制备高性能复合材料，在航空航天领域应用广泛。

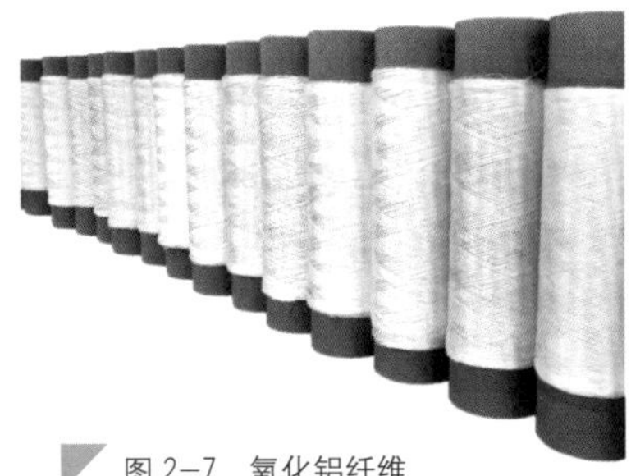

图 2–7 氧化铝纤维

除了上述提到的优异性能以外，氧化铝纤维还拥有极佳的抗紫外线和抗原子氧性能，这能使其在航空航天领域大放异彩。大家可能对美国的“哥伦比亚号”航天飞机（图 2–8）有所耳闻，却很少有人知道它是 NASA 服役时间最长的航天飞机，服役时间超过了 20 年。其隔热

图 2–8 “哥伦比亚号”航天飞机

板衬垫用的就是氧化铝纤维，主要用途是阻隔大气摩擦产生的巨大热量。由氧化铝纤维制备的复合材料主要用于制作高负载且轻量化的机械零件，如直升机螺旋桨的传动装置等。

（二）普通合成纤维材料

合成纤维是单体通过一系列聚合反应制备得到的有机高分子纤维，其合成原料主要来自石油化工。目前，合成纤维主要包括两大类，即普通合成纤维和高性能合成纤维。相较于天然纤维而言，合成纤维的力学性能（包括断裂强度、断裂伸长率、模量等）更优异。此外，还具有其他一些典型特征，如优异的耐腐蚀性、耐光老化性能、耐高温等。

目前，常用的普通合成纤维材料主要包括：聚酯纤维、聚酰胺纤维等，接下来就给大家介绍一下这两种纤维。

1. 聚酯纤维

聚酯纤维家族中最具有代表性的一员是涤纶纤维，其化学成分为聚对苯二甲酸乙二酯（PET），是由对苯二甲酸和乙二醇两种组分通过缩聚反应而制得（图 2–9），分子量为 18000 ~ 25000。涤纶纤维最早由英国人于 20 世纪 40 年代初发明并实现工业化。自 20 世纪 50 年代开始，聚酯纤维迎来了飞速发展的黄金时期，目前已成为合成纤维的第一大品种。我国聚酯产业始于 20 世纪 60 年代，目前已成为全球聚酯纤维生产大国，且处于领先地位。

涤纶纤维由于其优异的力学性能，以及耐热性能和耐光性能，被广泛地用于制作成衣。由于涤纶纤维的回潮率较低，纯涤纶织物的吸湿性和透气性较差，且易产生静电。因此，涤纶需要与棉、毛

图 2-9 涤纶纤维
图 2-10 涤纶纤维面料

等其他纤维混纺以后，才能制成性能优良的织物和面料（图 2-10），如“棉的确良”“毛的确良”等产品，其外观以平整挺括著称。根据纤维长短的不同，涤纶纤维有短纤和长丝等多种规格。为了提高涤纶纤维的弹性，我国开发出 PTT 纤维（聚对苯二甲酸丙二酯），但由于生产原料中的丙二醇价格较高，影响了该纤维的大规模生产。

2. 聚酰胺纤维

聚酰胺纤维是一类在分子主链上含有酰胺键结构的有机高分子纤维材料，我们常说的“尼龙”或者“锦纶”指的就是它（图 2-11）。当然，根据主链结构的不同，聚酰胺纤维还有个亲戚“芳香族聚酰胺纤维”，它就大有来头了，后面我们会详细介绍。我们常说的聚酰胺纤维，是二元酸和二元胺通过分子间缩聚反应，或者是将 ω-氨基酸通过缩聚反应，或者是己内酰胺通过开环聚合反应而得的，包括尼龙 6、尼龙 66 等品种在内的聚酰胺纤维。聚酰胺纤维密度小、

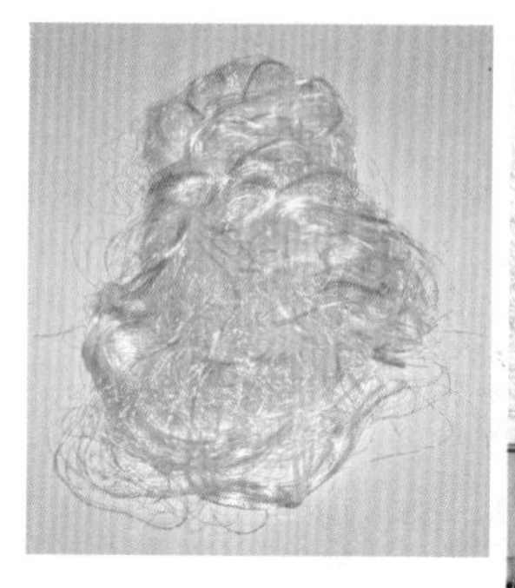

图 2–11　锦纶纤维
图 2–12　帆布帐篷

力学性能优异，在工业、国防、军工等领域的应用比较广泛。锦纶纤维可以用作汽车帘子线，以及帆布、帐篷（图 2–12）等使用的材料。锦纶纤维在国防、军工上的应用，主要集中在一些防护用品上，如降落伞、防护服等产品。

（三）高性能合成纤维材料

高性能纤维是未来全球化学纤维工业发展的重要材料，也是我国发展航空航天、军工、国防等领域所急需的重要战略物资，是国家综合国力的重要体现与技术创新的重要标志。国家部署全面推进实施制造强国的战略文件《中国制造 2025》，不但将高性能纤维作为国家支持和重点发展的对象，而且将纳米技术、生物基纤维等纳入战略前沿材料。科技的进步也促使我国高性能纤维工业取得了突飞猛进的发展，通过分子设计、结构调控等手段，不断挑战材料科学的极限，相继开发出一系列高强度、高模量、耐高温、阻燃、耐化学腐蚀等特性的高性能纤维。我们将以具有代表性的芳纶纤维、超高分子量聚乙烯纤维、聚苯硫醚纤维、聚酰亚胺纤维、聚芳酯纤维、聚四氟乙烯纤维等高性能纤维材料为例，简要介绍它们在航空航天领域的应用。

1. 芳纶纤维

芳纶纤维，又称“芳香族聚酰胺纤维”，是通过液晶纺丝方法制备的有机高分子纤维。随着研究的不断深入，科学家们将芳纶纤维分为全芳香族聚酰胺纤维和杂化芳香族聚酰胺纤维。其中，全芳香族聚酰胺纤维包括间位芳纶纤维(芳纶 1313)和对位芳纶纤维（芳纶 1414）等。

由凯夫拉纤维（杜邦公司芳纶纤维商品名）制作的防弹衣享誉全球，使得芳纶纤维作为一种性能优异的有机纤维为人们所熟知。凯夫拉纤维最初用于替代钢丝制作轮胎带束层，后来才在航空航天领域崭露头角，现成为需求量和产量最大的高性能纤维。同时，芳纶纤维具有超高强度、低密度、耐磨性好、阻燃性好、绝缘性好、耐高温、耐有机溶剂等优异的性能。随着芳纶纤维产能的增加和生产成本的降低，除了用在军事装备和航空航天领域，在民用领域的使用范围也越来越广。

（1）芳纶 1313 纤维

芳纶 1313 纤维是聚间苯二甲酰间苯二胺(PMIA)纤维的商品名（图 2–13），它的制备流程说起来就有些复杂了。由于其独特的理化特性，目前商品化的芳纶主要是用溶液聚合和界面聚合反应来进行制备。

芳纶 1313 纤维因其较好的耐热阻燃性能，其应用非常广泛，工业上如制作高温过滤带、高温传送带等，防护上用于制作消防警备的防护服，也可用于制造飞机、火箭、高铁的隔热部件等。此外，芳纶 1313 纤维因其优异的绝缘性能还可用于制作芳纶纸，以及各种电机中的绝缘部件或隔层等。

(2) 芳纶 1414 纤维

芳纶 1414 纤维是聚对苯二甲酰对苯二胺(PPTA)纤维的商品名，工业上常采用浓硫酸作为溶剂制备 PPTA 纺丝原液，再进一步制备芳纶 1414 纤维。(图 2–14)

芳纶 1414 纤维具有高抗拉强度和弹性模量，其拉伸强度甚至是钢丝的 5 ～ 6 倍，模量可达到钢丝的 2 ～ 3 倍。纺丝后的长纤维柔韧性好，制成的芳纶织物广泛应用于国防军工等尖端领域，如制作防弹衣、排爆服、高强度降落伞等。由芳纶 1414 纤维增强的复合材料，既质量轻，又能赋予材料极高的承载能力。

除此以外，芳纶 1414 纤维耐环境服役性能、耐疲劳性能、介电性能都远远优于常规纤维。芳纶 1414 纤维的耐极端高温环境服役性能极好，它可以在高温环境下满负荷工作，即使在 560℃的高温环境下也不分解、不熔化，生命周期和使用寿命远较一般高性能纤维

图 2–13　芳纶 1313 纤维

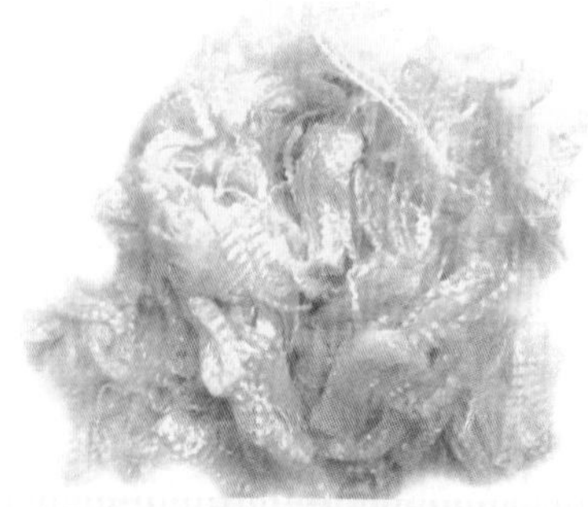

图 2–14　芳纶 1414 纤维

优异。因此，芳纶 1414 纤维广泛适用于制作特种传送带、高强度绳索、特种帆布、飞机结构材料、防弹头盔或防弹衣、火箭、高压容器、消防服等特殊需求，也广泛应用于建筑、交通、体育、休闲等国民经济领域。

2. 超高分子量聚乙烯纤维

超高分子量聚乙烯纤维被称为“塑料之王”，它是由乙烯单体通过加聚反应而得到的、分子量大于 100 万的超高分子量聚乙烯纤维材料（其分子量是普通纤维的数十倍），然后再通过凝胶纺丝制备而成（图 2–15）。研究发现，超高分子量聚乙烯纤维是目前世界上已知的比强度和比模量最高的特种纤维，也是可媲美蜘蛛丝韧性的有机纤维。与碳纤维、芳纶纤维等相比，超高分子量聚乙烯纤维具有强度高、模量大、比重小、耐低温及化学腐蚀、耐弯曲疲劳性好等优点。此外，超高分子量聚乙烯纤维还具有良好的电磁波透射率及低介电常数等特点。因此，超高分子量聚乙烯纤维在航空航天、航海、个体防护、工业应用等领域已取得了极大的突破。如采用超高分子量聚乙烯纤维制作的防弹衣、防弹头盔、防弹盾牌，由于其比强度和比模量高，防弹效果优异。此外，超高分子量聚乙烯纤维还广泛应用于一些航空航天器的生产，特别是用于制造直升机、坦克和舰船的装甲防护板、飞机的翼尖结构等。

图 2–15　超高分子量聚乙烯纤维

值得一提的是，目前，超高分子量聚乙烯纤维在减速降落伞和特种缆绳等方面应用广泛。

3. 聚苯硫醚纤维

聚苯硫醚(PPS)纤维，这个名字常人听起来就比较陌生了，它是一种由苯基和硫原子组成的结构单元交替连接形成的线性高分子（图2–16），再经过熔融纺丝，高温牵伸、卷曲、剪切制备而成的特种纤维材料（图2–17）。此外，作为一种刚性高分子聚合物，由于PPS大分子链中苯环的大 π 键结构以及硫原子的极性，再加上其半结晶的特性，其力学性能较为优异。其拉伸强度可达0.18～0.26牛／特，伸长率为25%～35%，还具有良好的耐热性、耐化学腐蚀

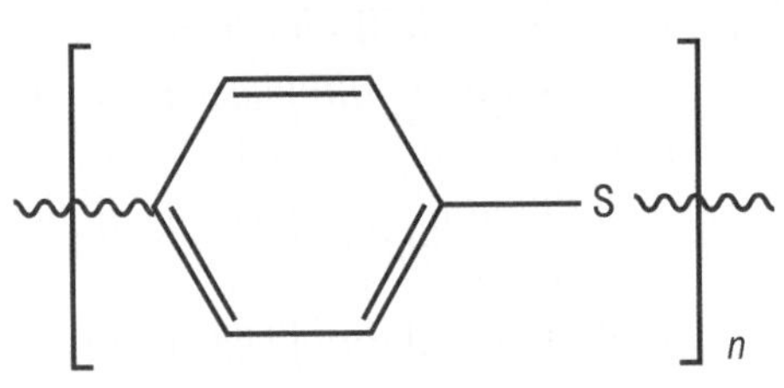

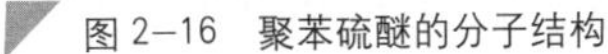

图 2-16 聚苯硫醚的分子结构

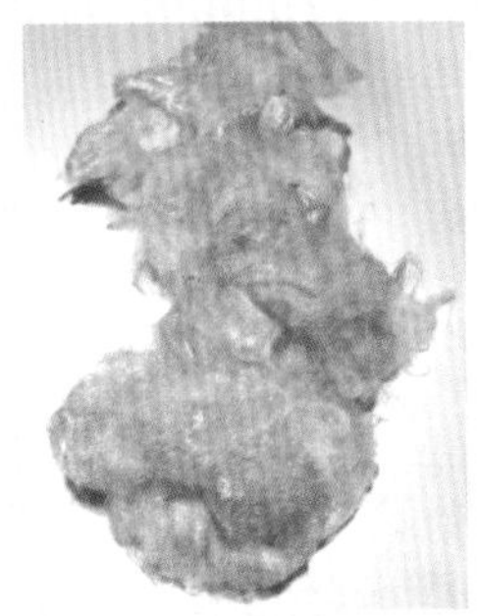

图 2-17 聚苯硫醚纤维

性等特点。PPS 纤维甚至可以在 180 ～ 200℃的环境中长期工作，因此，其在火力发电厂、钢铁厂、垃圾焚烧厂等工业烟尘过滤系统中发挥着重要作用，可以有效提高对 PM2.5 等微尘的截留效率，对改善空气质量起到了举足轻重的作用。PPS 纤维的另一个特点是耐酸碱腐蚀性能优良。据研究显示，PPS 纤维的耐酸碱腐蚀性能在合成纤维中位列第二，仅次于聚四氟乙烯纤维。除此之外，纤维的易加工性、阻燃性、保暖性等优势，使 PPS 纤维在工业防护、军工、航空航天等领域的应用前景一片大好。

4. 聚酰亚胺纤维

聚酰亚胺纤维由于其金黄的外表而被称为“黄金纤维”，它是一类在分子主链上含有芳酰亚胺环结构的杂环高分子材料（图 2-18）。聚酰亚胺纤维性能优异，不仅强度和模量远优于一般纤维，而且还具有优异的热稳定性、耐强紫外线辐射性能等特点。除此之外，聚酰亚胺纤维还具有优异的阻燃性能，其极限氧指数较高，是有机纤维中少有的几种阻燃纤维材料之一，且不熔滴，离火自熄。

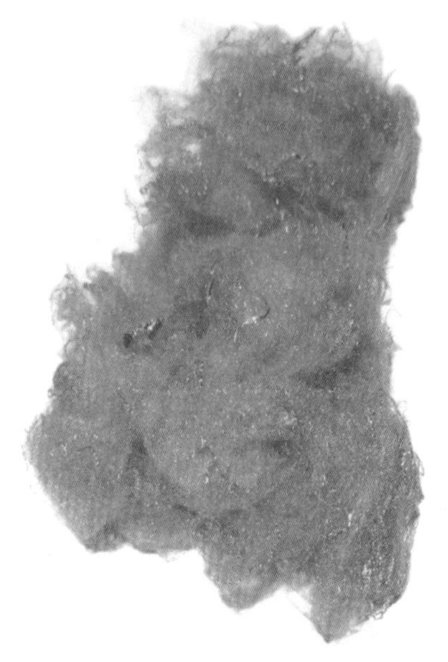

图 2–18　自带颜色的聚酰亚胺纤维

聚酰亚胺纤维在高温过滤、国防军工、新型建材、环保防火等领域发挥着越来越重要的作用，可被加工成特殊纺织品，如特殊过滤网、隔火毯、特种装甲部队的防护服、隔热服等。另外，聚酰亚胺纤维在航天器、特种电子装备、战斗机壳体、卫星天线、空间飞行器等方面也有较多的应用。不久的将来，它的应用范围必将有更大的突破。

5. 聚芳酯纤维

聚芳酯纤维又被称为芳香族聚酯纤维，是重要的热塑性特种纤维之一，是经熔融聚合纺丝而得到的有机高性能纤维（图 2–19）。世界上首个商品化聚芳酯纤维产品是由日本企业于 1973 年生产制得。

图 2–19　聚芳酯纤维

东华大学经过多年的努力，突破了国外在聚芳酯纤维方面对我国的技术封锁，研发出了“优科俐”品牌热致液晶聚芳酯纤维产品，推动了我国高性能纤维技术的发展。除出色的强度性能以外，聚芳酯纤维还具有紫外线屏蔽性和气体阻隔性等，被广泛应用于航空航天、国防军事等多个领域。聚芳酯纤维作为特种工程纤维，曾被美国用于制作火星探测器的着陆缓冲气囊，日本的航天器中也有这种纤维的身影。

6. 聚四氟乙烯纤维

聚四氟乙烯纤维(PTFE)又称为氟纶、萤石纤维，是一种用氟原子取代聚乙烯中氢原子的有机高分子材料（图2–20）。它最早由美国杜邦公司的罗伊·普兰科特博士发明。聚四氟乙烯纤维除了拥有优异的电绝缘性、耐老化性、抗辐射性、不黏性等特点外，其耐化学腐蚀性位列所有合成纤维之首。目前，没有任何材料可以替代PTFE纤维在高温、强腐蚀性等苛刻条件下作为滤料使用。PTFE纤维也具有极好的耐气候性，即使在户外放置15年也不会出现老化现象。经过连续3年的太阳暴晒及大气试验，结果显示其断裂强度下降约2%。PTFE纤维的极限氧指数为90～95，在高氧浓度下也不会

图2–20　聚四氟乙烯纤维

燃烧，是难燃的有机纤维材料之一。

PTFE 纤维作为一种高性能纤维，在航空航天、国防军工等尖端科技及其他国民经济领域都发挥着重要作用。在航空航天领域，PTFE 纤维可用于制造飞机和其他飞行器的结构材料以及火箭发射台的屏蔽物。在医疗卫生领域，可用于制作人造血管、人造器官，以及修补内脏、缝合组织等。早在 1997 年，日本东洋纺织公司就推出了 PTFE 纤维混纺织物，具有疏水、耐热、耐化学品等性能，可以制作衣服、帐篷、鞋包等产品。

（四）金属纤维材料

金属纤维是指由金属材料制备的纤维，这种纤维不仅具有金属的特征，还具有非金属纤维材料的特点。金属纤维最早由美国于 20 世纪 70 年代末研发出来，已广泛应用于纺织行业。我国的金属纤维发展速度较快，到 21 世纪初，金属纤维的生产及加工工艺已基本成熟。金属纤维依靠其较稳定的工艺和优良的理化特性，在民用市场上占有重要的份额，部分产品还被应用于航空航天领域。

根据材料的种类，目前使用的金属纤维可分为三类，分别是纯金属丝、金属复合丝、金属化纤维。

1. 钨丝纤维

钨丝纤维一般由各种拉丝模拉制（图 2–21），具有极高的熔点和强度。传统的钨丝纤维主要是以钨为基材的合金纤维，其强度明显高于钽、钼、铌基合金纤维，同时具有更强的耐高温性能。

钨丝纤维因具有极高的工作温度（175℃），可应用于特殊的高温环境中。比如制成钨丝纤维合金复合材料，用于宇宙飞船的发动机和火箭发动机涡轮的叶片上。钨丝纤维也可与其他基材复合，形成具有耐高温、高强度的复合材料，可用于国防军工、防护等领域。

图 2–21 钨丝纤维

2. 镍丝纤维

镍丝纤维是镍的一种纤维状材料（图 2–22），可用于制作氢镍、铬镍电池的电极材料，也可制成汽车的高温气体过滤材料，还可制成防菌袜、防菌服等。除了上述作用以外，镍丝纤维因其本身的金属特性和铁磁性使其在吸波屏蔽材料中扮演着重要角色，是金属纤维中应用较为广泛的一种纤维材料。此外，因镍丝纤维对电磁波具有优异的吸波特性，因此在航空航天领域发挥着重要作用，其多孔轻质复合材料在飞机和宇宙飞船中具有广阔的应用前景。

图 2–22 镍丝纤维

3. 不锈钢纤维

不锈钢纤维是具有一定含碳量的铁基材料（图 2–23），具有耐高温、耐腐蚀、高导电、高导热等性能，无论军用还是民用，都具有极高的使用价值和前景。不锈钢纤维的制备方法有单丝拉伸法、熔抽法、切削法、化学还原法和热分解法等。不锈钢纤维首先

图 2–23 不锈钢纤维

由美国开发与研究，我国对不锈钢纤维及其制品的研究始于20世纪70年代末期。直至今日，世界上也只有少数国家可以生产不锈钢纤维制品，其制造技术难度之大可见一斑。

不锈钢纤维在纺织品中的应用主要是制作除尘袋、滤网等，在污水处理与高温气体净化时用作过滤材料。它也会用于制作军事、冶金和航空航天等设备中的过滤元件，还可与其他纤维混纺制成功能型织物用于电磁屏蔽和抗静电，如医疗用品、高压电屏蔽服、雷达敏感织物等。

4. 铁丝纤维

铁丝纤维的研究始于20世纪80年代中期，我国在20世纪90年代开始进行相关研究，目前主要的制备方法有电沉积法和化学气相热解法等。铁丝纤维具有高比表面积、宽频率、基于形状的各向异性等特点；在纤维长度方面，其有效磁导率的上限高，突破了球形、颗粒形铁所带来的对有效磁导率的限制。因此，铁丝纤维多用于军事、航空航天等领域。

铁丝纤维的使用最早并不是以长丝编织成织物的形式，而是被做成涂层以吸收电磁波，如军用飞机的隐身涂层。随着技术的进步，铁纳米纤维和磁性铁纤维相继出现，军用为主的铁纳米纤维开始转向民用，如磁盘、屏蔽服等。磁性铁纤维不仅适用于雷达吸波涂层等隐身应用技术，还适用于聚合物和气体等的过滤，如航天器排气装置、工业滤袋等。

5. 铜丝纤维

铜丝纤维是由金属铜制备的一种金属纤维（图2-24），其长度与直径随着加工方式的不同而有着较大的变化，其长径比随着加工工艺的不断优化正在不断地增加。铜丝纤维作为增强纤维被广泛应用在半金属摩擦材料中，具有良好的可塑性，并且由于其硬度低，在摩擦过程中易发生摩擦转移，磨损量较小。铜丝纤维还可以与涤纶纤维等混纺，可以提高纤维的抗菌性能，被广泛应用在内衣、裤袜等民用领域。铜丝纤维还可以与聚合物一起制成导电复合材料，有着良好的电磁屏蔽性能，可以应用在军工、航天等领域。除此之外，铜丝纤维也被广泛制成功能复合材料，在吸声性能、导热性能、机械性能等方面都有着不俗的表现。铜丝纤维优良的性能使其在电子、军工以及航空航天领域有着巨大的发展潜力。

图 2-24　铜丝纤维

6. 铅纤维

铅纤维也叫铅棉，具有低熔点、高密度、低刚度以及高阻尼的特性，其高密度和高原子序数对防护 X 射线及 γ 射线的伤害非常有效。同时，铅的再结晶温度在室温以下，可加工性能极好，不产生加工硬化，这些都赋予铅纤维极高的商业价值。铅纤维为铅在防辐射和航空航天领域的应用提供了新的途径。因为纤维的形态特征使得铅的可加工性增强，可填充、可编织的特性使其应用范围大大增加，如用作航天服和航天器的防护层等。这些应用不仅能在保护航天员和航天器材等方面发挥重要作用，对未来可能存在的核泄漏事故或许能起到至关重要的防护作用。

四 纺织材料及其制品在航空航天领域的应用优势

作为材料的一大分支，纤维材料具有优异的力学性能，不仅比强度和比模量高，而且具有极高的韧性，柔软性和形状适应性远高于其他材料。纤维材料的高比强度、轻量化、耐极端空间环境、柔软性等特征（图 2–25），使其性能极其优越，是航空航天领域的关键材料。

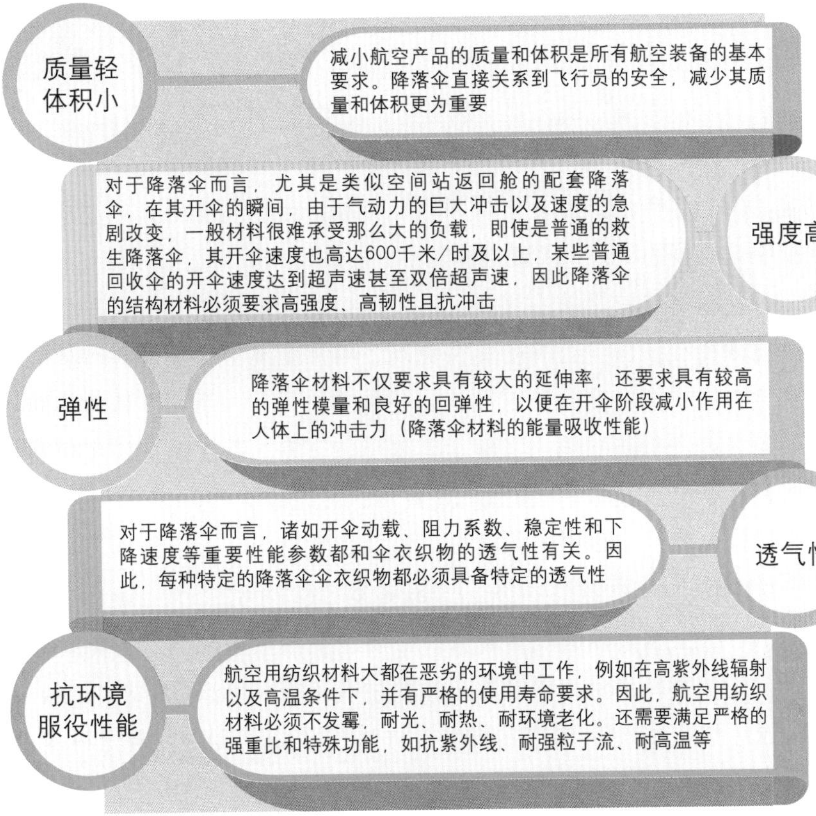

质量轻体积小：减小航空产品的质量和体积是所有航空装备的基本要求。降落伞直接关系到飞行员的安全，减少其质量和体积更为重要

强度高：对于降落伞而言，尤其是类似空间站返回舱的配套降落伞，在其开伞的瞬间，由于气动力的巨大冲击以及速度的急剧改变，一般材料很难承受那么大的负载，即使是普通的救生降落伞，其开伞速度也高达600千米/时及以上，某些普通回收伞的开伞速度达到超声速甚至双倍超声速，因此降落伞的结构材料必须要求高强度、高韧性且抗冲击

弹性：降落伞材料不仅要求具有较大的延伸率，还要求具有较高的弹性模量和良好的回弹性，以便在开伞阶段减小作用在人体上的冲击力（降落伞材料的能量吸收性能）

透气性：对于降落伞而言，诸如开伞动载、阻力系数、稳定性和下降速度等重要性能参数都和伞衣织物的透气性有关。因此，每种特定的降落伞伞衣织物都必须具备特定的透气性

抗环境服役性能：航空用纺织材料大都在恶劣的环境中工作，例如在高紫外线辐射以及高温条件下，并有严格的使用寿命要求。因此，航空用纺织材料必须不发霉，耐光、耐热、耐环境老化。还需要满足严格的强重比和特殊功能，如抗紫外线、耐强粒子流、耐高温等

图 2–25 航空航天纺织品的具体特征及其重要性分析（以降落伞为例）

五 纤维材料在航空航天领域的应用

纤维材料在航空航天领域的应用，主要分为以下几个方面：

(1) 隔热及结构材料。对于高性能纤维复合材料而言，如碳纤维复合材料、芳纶纤维复合材料以及无机非金属材料等，广泛应用于航空航天器的隔热和关键结构部件。

(2) 救生防护用纺织材料。随着科技的发展，航空航天器的飞行速度变得更快、飞行高度变得更高，再加上高空环境对飞行员的影响（过载缺氧、低气压以及其他各种威胁），一系列个体救生防护装备，如飞行防护服、降落伞具等亟待开发。救生防护所用材料一般包括尼龙、超高分子量聚乙烯纤维、芳纶纤维等。

(3) 火箭、导弹用结构材料。包括密封材料、火箭结构材料、防护材料等，在这些材料中又以碳纤维复合材料为主。

(4) 航空航天相关配套装备。主要包括相关拦阻网、各类装饰材料、安全带、飞机套罩以及充气救生装备等。所涉及的材料主要包括碳纤维复合材料、玻璃纤维复合材料、芳纶／芳砜纶复合材料等。

六 纤维材料在航空航天领域的未来发展趋势

虽然我国的航空航天事业起步较晚，但是经过几十年的砥砺奋进、几代人的顽强拼搏，我国的航空航天事业取得了举世瞩目的成就。随着全球航空航天领域的迅猛发展以及新军事变革进程的加快，航空航天产业的重要性和巨大作用已毋庸置疑，科技创新已成为国家发展的原动力。

伴随着科学技术的发展，航空航天科技创新必将在新一轮的科技革命和产业变革中继续发挥着重要的作用。在未来，特种材料的快速发展将为中国航空航天科技的发展提供一个历史性的大舞台。新的空间探索试验和任务对航空航天用纤维及其纺织品提出了更高的要求，纤维材料也面临着更多的挑战，如何制备符合太空等极端环境的新型纺织材料，以及新型纺织加工技术创新将越来越受到纺织人的关注。能直接应用于航空航天和军工领域并具有高强重比和轻量化的纺织品，以及耐极端环境的新型功能性和智能化纺织新材料将被相继研发。相信在不久的将来，我国的航空航天纺织材料一定会取得更大的突破性进展！

3 飞艇用纺织材料

一 引言

如果技术是场达尔文式的进化赛，那么飞艇在很长时间里一直遥遥领先。飞艇就好像是一条在空中遨游的大鱼。这条“大鱼”诞生于人类文明最为璀璨的时刻，又在一瞬间灰飞烟灭，好像从来就没有存在过一样。不知道你是否留意过，在 2014 年的巴西世界杯赛场上，总是有一个影子在场间晃来晃去，如果仔细看的话，会发现那是一艘小型拍摄飞艇。但是为何现在除了少数景点，我们几乎看不到飞艇的身影了呢？

看过经典动画电影《飞屋环游记》的观众们都知道，它讲述了一位老者与男孩坐着系上成千上万个五颜六色氢气球的老屋，前往遥远的南美

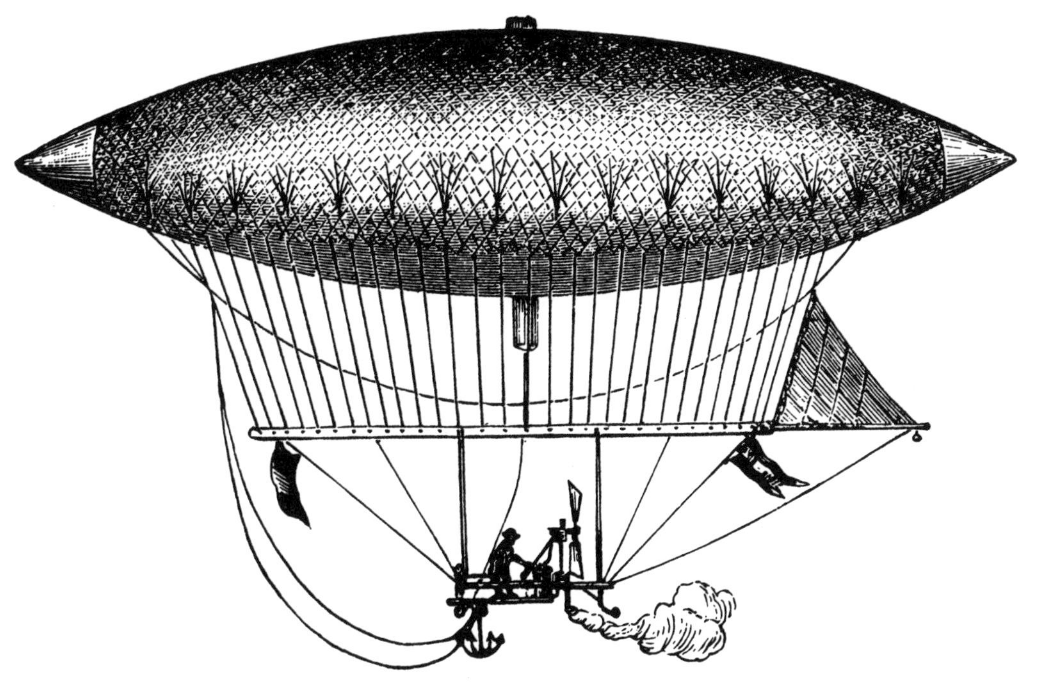

图 3–1　历史上第一艘人力飞艇

洲瀑布冒险的经历。这种坐在宽敞的屋中却又能置身于天空中的场景是多少人梦寐以求的体验。这想法看似不切实际，其实它早就成了现实，因为人类发明了飞艇！

历史上第一艘人力飞艇是在 1784 年由法国的罗伯特兄弟发明的（图 3–1）。在试飞的过程中，随着飞行高度的上升，大气压逐渐降低，气囊中的氢气膨胀。这种现象使他们十分慌张，直到把气囊扎破，飞艇才安全降落到地面。因此，在之后的一个世纪里，通过不断研发与改进技术，飞艇于 1851 年终于实现了历史上的第一次飞行。

（一）飞艇的自由飞行之谜

这时候你可能会想，飞艇不就是利用浮力飘在天上么，跟我们平时玩的氢气球有啥区别。这个想法还真有一定道理。自从古希腊科学家阿基米德于公元前245年发现阿基米德原理之后，这一原理便成为绝大部分飞艇设计最基本的理论依据。简单来说，飞艇之所以能够悬浮于空中，是因为飞艇的主要构成部分——气囊里充满着氢气和氦气，这两者的密度相对于空气来说都比较小。这种利用轻于空气的气体（氢气、氦气、热气等）提供升力并由动力推进的航空器，就可以称为飞艇了。飞艇最大的优势就是它无与伦比的滞空时间。众所周知，飞机在空中只能飞几个小时，最多也就几天，而飞艇就不一样了，它可能一飞就是几个月甚至几年不着陆；并且飞艇在空中的飞行不像飞机那样伴随着巨大的轰鸣声，它可谓静悄悄地来、静悄悄地走，这一点在军事上可以说极为重要。

（二）飞艇与纺织材料的不解之缘

在人们的印象中，飞艇就是一个巨大的椭圆形气球，而这个巨型椭圆形气球叫作气囊。飞艇最关键的部位是气囊最外层、由纺织材料包裹着的蒙皮。除此之外，飞艇还包括了辅助气囊、吊舱、推进装置、尾翼、方向舵和升降舵等部分。如此巨大的气囊是如何承受这么多的气体，又是为何能够封锁这些气体不让其逸散外出，从而保障飞艇在空中长久地漂浮的呢？这主要归功于气囊表面蒙皮所采用的高性能纺织材料，以及气囊表面蒙皮面料的结构和特殊的缝合方式。

二 飞艇的前世今生

（一）硬式飞艇的崛起

1844 年，在巴黎市郊一个空旷的飞机库里，工程师马莱－蒙戈和一群工人正在将一根根长长的金属片焊接到一起，组成一个巨大的球体。他们这么做的目的是为了实现一个在当时人们看起来是天方夜谭的目标——让金属球飘浮在空中。巴黎的百姓为了一睹这个巨型怪物的真容，纷纷买票前来观看。在马莱－蒙戈的不懈努力下，这个金属飞艇项目的研发持续了 3 年，这期间他耗尽了全部的积蓄。失去经济资助的马莱－蒙戈不得不放弃了金属飞艇的研究，但是由马莱－蒙戈开创的新领域给后来的科学家提供了新的思考方向。

到了 1897 年，又一个大胆的想法被人提了出来：为何不造一艘铝制外壳的飞艇？说干就干！施瓦茨在普鲁士飞船营的帮助下成功制造出了一艘 38 米长的飞艇，而且真的采用了铝制外壳（图 3–2）。施瓦茨把 0.2 毫米厚的铝板通过铆钉连接，最后在铝制外壳上装一个充满氢气的气囊。就这样，施瓦茨的尝试竟然获得了不可思议的

图 3–2 施瓦茨设计的飞艇

图 3-3 “齐柏林”飞艇

成功。1897 年 11 月 3 日，由施瓦茨设计的飞艇成功飞行了 6 千米。不过，这艘飞艇并没有像设定的那样缓慢着陆，而是一头扎进了稻草堆里，毕竟全金属外壳打造的飞艇还是有很多技术难题没有得到解决。但这艘具有坚固外壳的飞艇克服了传统织物覆盖的飞艇难以高速飞行的问题，这吸引了很多人的注意。同时，这历史性的飞行为硬式飞艇的崛起奠定了基础。

（二）飞艇的“空中霸权”时代

1900 年，第一艘硬式飞艇“LZ-1 号”由德国人齐柏林制造出来，他也由此被称为“飞艇之父”。这艘飞艇在当时可谓是“空中巨物”，整艘飞艇的艇长为 129 米、直径为 11.6 米，通过 1 根纵向龙骨、24 根木条以及大量的纵向和径向的悬挂线支撑整艘船体，框架外则蒙有防水布，最高飞行高度为 2500 米（图 3-3）。这艘飞艇的起飞标

图 3–4　飞艇在战争中弊端暴露

志着飞艇进入了实用阶段，同时也标志着飞艇的“金色时代”已经到来。飞艇从 1910 年 6 月开通第一条定向商用航线进行载客运输开始步入了商用领域。

不知道当你们听到“Kirov Reporting”是否特别熟悉？对，它就是游戏《红色警戒》里的基洛夫飞艇出现时的警告音，每当这艘飞艇飞入我们的领空时，往往是伴随着基地被轰炸，然后宣告失败。虽然这是游戏中的场景，但它在历史中也是真实存在的。当飞艇进入商业运输市场时，德国就已经看到了其潜在的军用价值，于 1913 年将“齐柏林”飞艇收编入军方。第一次世界大战爆发时，飞艇很快就被作为一种新式武器而投入战场，对敌人进行侦察与轰炸。虽然第一次世界大战中德国首次使用飞艇对英国执行轰炸任务的成效不错，也造成了英国方面极大恐慌。但随着战争发展，飞艇体积大、速度慢、不灵活、易受攻击的问题逐渐暴露出来，88 艘飞艇的坠落只换来了敌方数百人的伤亡，加上飞机防空能力的发展，飞艇在军事领域的作用被大大削弱。

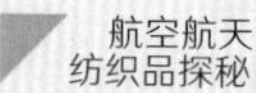

当 1918 年齐柏林公司建造的巨型飞艇首次出战即被击毁后（图 3–4），“飞艇霸权”的时代就此落下帷幕，但是德国飞艇的运载能力还是为后期飞艇向空运发展打下了基础。

（三）飞艇的陨落与重生

第一次世界大战结束后，飞艇技术迅速提升，其航程、载重能力等都远超当时的飞机，从而迎来了飞艇全面发展的“黄金时代”。其中最著名的莫过于 1929 年“齐柏林伯爵号”飞艇实现了环球航行与征服北极的壮举。然而，这在整个航空史上却是昙花一现。

1. 帝国骄傲的陨落——“兴登堡号”空难

“兴登堡号”是德意志帝国的骄傲（图 3–5），然而，它的坠毁却让商业飞艇时代到此结束。虽然这时期飞艇的蒙皮已经添加了防护涂层，但是蒙皮本身的主要材质还是棉质材料，这也给这场历

图 3–5 “兴登堡号”飞艇

图 3–6 “兴登堡号”空难

史上的重大空难埋下了伏笔。

“兴登堡号”空难发生在 1937 年 5 月，是最惨烈的空难之一（图 3–6）。原本新泽西州的记者们准备拍下飞艇成功着陆的画面，但没想到拍到的却是一场灾难。由于飞艇坠落缓慢，这场灾难的完整画面才得以被记录下来。本次飞行乘坐 97 人，遇难者 36 人（36 名乘客中有 13 人死亡，61 名机组人员中有 22 人死亡，地勤队的 1 名文职人员死亡）。

“兴登堡号”空难后，人们普遍对飞艇的安全性失去了信心，这次事件确实对飞艇的“黑暗时代”有着举足轻重的影响，航空史上曾辉煌一时的旧飞艇时代也宣告终结。

2. 悄然复苏的新星——新时代飞艇

尽管旧飞艇时代已经终结，但这并不代表着飞艇在航空史上的落幕，因为新飞艇时代正在悄然而至。随着时代的发展，飞艇过去存在的很多技术难题逐步得以攻克，其安全程度让它重新回到了人类的视野中。除了自身的优势以及现代技术的影响，飞艇的复苏也和人类在发展中出现的问题有一定关系。

20 世纪 70 年代以前，绝大部分人并没有多少节约资源和保护环境的意识。当时能源价格低廉，人们不断增加能源消耗率，推动了机械设备向着高速化和大型化发展。然而，人类很快就尝到了过度发展的苦果——能源和环境危机接踵而至。

在这种情况下，与其他飞行器相比，飞艇超低的空中载重消耗、超长的滞空能力和低污染属性，很自然地再次得到了世界各国的关注。各国在突破了许多技术瓶颈后，对飞艇开发出了许多全新的应用。如美国在军事领域的应用，他们在飞艇上安装大型雷达，在天空中升起了不落的预警机。所以美国在飞艇研制方面，尤其是高空不载人飞艇研制方面，不遗余力地进行投入。

当飞艇用纺织材料不断地发展，飞艇蒙皮所能承受的极限条件也得到极大的提升，因而飞艇的飞行高度不断增加，从近地面的对流层到达平流层飞行。在这个过程中，飞艇的应用范围更加广阔。在民用领域，飞艇可以用于远距离运输；在军事领域，飞艇可以用于海岸警卫等方面。另外，在气象探测等科学领域，也能见到它的身影。（图 3–7）

在我国，由中国特种飞行器研究所研制的第一艘“FK4 型”大型载人飞艇，在北京亚运会期间进行了飞行表演。这填补了我国在载人飞艇领域的技术空白。

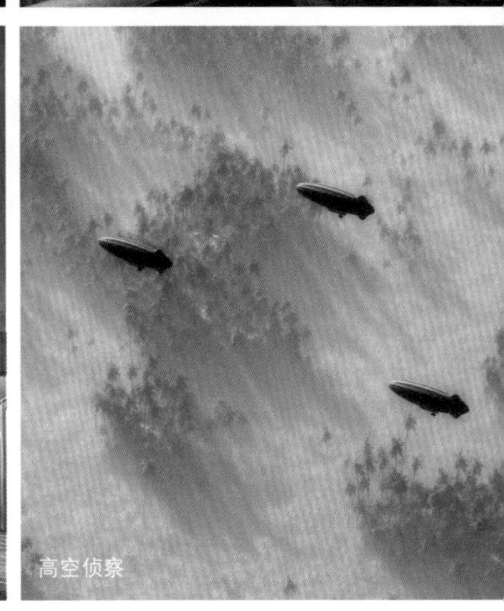

图 3-7　飞艇在各领域的应用

三 飞艇中所使用的纺织材料

无论是现实中看到的，还是书本、视频里看到的飞艇，都是一个由巨大纺织材料包裹着的雪茄形飞行器，这一层纺织材料被称为蒙皮。就大名鼎鼎的“齐柏林”飞艇而言，其艇长 237 米，艇身的最大直径 30.5 米，可充 10.47 万立方米的氢气。可想而知，这艘飞艇的表面需要多大的纺织面料才能包裹得住。所以，可以毫不夸张地说，飞艇中 90% 的材料都是纺织品！但是这些用作蒙皮的纺织材料到底是什么呢？接下来就带大家认识一下这些应用在飞艇蒙皮中的纺织材料。

（一）第一次世界大战时期飞艇使用的蒙皮材料

首先，我们来聊聊第一次世界大战时期制作飞艇所使用的纺织材料。

在第一次世界大战中，飞艇作为德国的空中利器，曾一度所向披靡，多次对英、法两国进行轰炸。那时战无不胜的德国飞艇被称为硬式飞艇，框架主要由金属、木材等制成，外面包以亚麻布、丝绸和棉布，再通过涂抹的橡胶连接。虽然现在看来这种由亚麻布、丝绸和棉布等纺织材料制作的蒙皮毫无安全性和耐用性可言，但是在当时可是号称“子弹都打不穿”。

当然，至于子弹打不穿飞艇，那完全是谣言，亚麻布、丝绸和棉布的外包蒙皮是不可能防弹的。但是最初英国空军战斗机对“齐柏林”飞艇的攻击确实难以起到成效，沃恩福德少尉用了 6 枚炸弹才解决掉“LZ37 号”飞艇。

不过后来英国人发现，飞艇虽然被打穿后不会坠落，但是它只要一遇火便会熊熊燃烧。英国战斗机立马配备了高爆弹和燃烧弹，用高爆弹打穿飞艇的蒙皮和气囊，让逸散出来的高纯度氢气与空气充分混合，然后再由燃烧弹将这一大团混合气体引爆。毕竟那时候还没有高性能纤维材料，飞艇外层的蒙皮还是以亚麻布和丝绸为主，飞艇一旦被子弹击中，通常难以幸免。（图 3–8）

图 3–8　飞艇被高爆弹打穿

据资料介绍，整个世界大战期间有超过 30 架“齐柏林”飞艇被击落，据目击者描述：“夜空中熊熊燃烧的飞艇照亮了整个天空，如同供奉瓦尔哈拉神殿诸神的火炬。”

这一时期的飞艇还用的是棉、亚麻类的天然纤维作为蒙皮，不管是强度还是密封性都达不到要求，因此飞艇的飞行高度不高。经过一段时间的改良，蒙皮换成了硝酸纤维类材料，但实际性能并没有明显提升。

相反，随着战争愈演愈烈以及橡胶技术的发展，飞艇的气囊改为了织物增强的橡胶，就如同现在的雨衣布，不仅增加了安全性，也使得气囊得以承受更大的压力。

（二）现代飞艇中使用的蒙皮材料

进入 21 世纪以后，随着飞艇在军事侦察、空间预警、通信中继和空间探测等领域的应用优势被挖掘，为了满足这些需求，飞艇的飞行高度也在不断刷新。目前飞艇的飞行高度已经突破了平流层，而这些飞行高度在 18 ～ 24 千米的飞艇也被称为平流层飞艇。同时，随着飞艇的飞行高度越来越高，对其蒙皮材料的要求也更为严格。毕竟平流层上的环境恶劣，伴随着高辐射、高臭氧、强紫外线，以及高低温循环等极端条件，这就要求平流层飞艇的蒙皮具有良好的耐候性。除此之外，由于在平流层飞行，对蒙皮材料的强度、密度和气密性也提出了很高的要求，需要其强度越来越高、质量越来越轻、防渗透性越来越好。而之前的飞艇所采用的天然纤维材料和橡胶材料复合的方式，已经不能满足飞艇在平流层中的飞行条件。随着高性能纤维材料的发展，平流层飞艇可选择的蒙皮材料也越来越广泛。例如，芳香族聚酰胺纤维，高强度、高模量聚酯纤维，高强度、高模量聚乙烯纤维，它们用作蒙皮材料的承力层有很好的效果。一段时间内，这一系列高性能纤维由于各自优点都被应用于飞艇蒙皮的制作，从而形成了“诸侯争霸”的场景。然而近年来，超级纤维 PBO（聚对亚苯基苯并双噁唑）的出现，迅速占据了平流层飞艇蒙皮材料的霸主地位，从而打破了高性能纤维材料“诸侯争霸”的局面。

四 飞艇用纺织材料的制造工艺

当我们大致了解了飞艇上纺织材料的发展过程以后，可能又会对这些纤维材料是怎么织成织物，然后加工成整块蒙皮产生疑惑。使用飞艇艇身那么大的面料不切实际，那么做成很多小块进行缝合呢？这样缝起来的会不会漏气呢？这就需要详细说说能满足这么严格飞行条件的飞艇它的蒙皮到底是如何制作出来的。

（一）第一次世界大战时期飞艇的蒙皮材料制作

早期的飞艇蒙皮主要由棉、麻、丝等天然纤维材料制作而成。这些纤维材料通过加捻形成具有较高强度的纱线，然后进行织造，从而形成飞艇蒙皮的初步材料。紧接着对织物的表面进行涂层处理，这样可以最大限度地减少飞艇内部气体的渗透流失。最后再将蒙皮贴合到飞艇骨架上，将织物搭建拼接起来进行缝合。那时候的缝合方法还是采用缝纫加黏合的连接方式。

这里我们要重点说下织造的方法。因为受限于当时的纤维材料和织造技术，所以当时的飞艇蒙皮织物主要采用的是经纬纱上下交织的平纹织造方法，但实际上这种方法是不可取的。因为当飞艇充满气体时，这种用作蒙皮的织物便会受到很大的压力，而这种直角交错的蒙皮织物会在气体的压力下产生滑移导致经纬纱变得较稀，网格内的涂层也容易受到损伤，这样一来飞艇的气密性就得不到保障，安全性也会大打折扣。虽然当时改良了这种织造方法，例如采用高密度轴向编织使得纤维间呈三角形，加强了织物的抗拉强度，又或者直接采用正交编织来提高抗撕裂性，但这些方法都没能真正解决飞艇蒙皮织物的安全性这一难题。

（二）现代平流层飞艇的蒙皮材料制作

当飞行高度达到平流层之后，飞艇的工作条件也变得更加严酷。昼夜温差大、空气稀薄、紫外线强烈，都对飞艇蒙皮材料的应用提出了挑战。飞艇在这种环境下长期工作，蒙皮材料必须具有较高的强度和耐候性，否则无法满足飞行需求。

1. 平流层飞艇蒙皮材料的应用与发展

随着高性能芳香族聚酰胺纤维，高强度、高模量聚酯纤维，高强度、高模量聚乙烯纤维的开发与应用，昼夜温差大、空气稀薄、紫外线强烈等问题逐一被克服。但是仔细研究就会发现，任何一种单一的高性能纤维材料织造的蒙皮没法同时满足这些严苛的条件，因此平流层飞艇的蒙皮材料都是采用多层复合工艺编织而成。具体来说，平流层飞艇的蒙皮材料由内到外分别为承力层、阻隔层、耐候层以及各层之间的黏结层。（图 3–9）

首先是承力层，顾名思义就是用于承载整艘飞艇全部强度的部分，它们是用高强度、高模量的长丝直接编织而成。常见的编织方法为一层平纹一层斜纹的双层编织法，这样可以给承力层织物提供很好的力学性能。当然，这些织物中的纱线捻度、排列分布、支数都会很大程度地影响织物的性能。

再往外就是阻隔层、耐候层了，它们分别要承担平流层飞艇长期高空飞行时，蒙皮材料的密封性以及由紫外线辐射、臭氧侵蚀等复杂环境所引起的老化问题。目前阻隔层一般使用聚酯类薄膜材料，而耐候层则是采用聚四氟乙烯膜材料。

图 3–9　平流层飞艇的蒙皮材料结构

2. 平流层飞艇蒙皮的制备工艺

第一次世界大战时期飞艇蒙皮较为简单，最多也就两层材料的复合，但是随着如今对飞艇的性能要求越来越高，蒙皮的层数也越来越多，因而多层蒙皮材料间的复合也是个相当大的难题。简单的涂附黏结只会恶化蒙皮的性能，甚至出现安全隐患，而且多层蒙皮中织物与膜之间的有效复合更是难题。那如今这些问题是如何解决的呢？

在复合过程中，蒙皮织物的张力控制极为关键，张力不匀会直接导致蒙皮织物的形态结构发生变化，从而影响最终复合蒙皮的性能。此外，上胶厚度、固化温度等参数也都需要精准控制，才能保证各层之间的黏结强度，以及均匀的面密度。

3. 平流层飞艇蒙皮材料的成型工艺

了解了制备工艺以后大家可能对缝合成型的方式还有所疑惑，早期缝合、黏结的蒙皮缝合成型工艺，早已不再适用于现在的严酷工作环境了，那现在是如何缝合连接的呢？下面就来进行揭秘。现在蒙皮材料主要使用对接方式成型的焊接带，焊接织物的材料、宽度、黏结厚度等需要根据纤维材料的选择来确定，这样用焊接织物缝合之后，连接点的渗透性得到保障，同时确保了连接点的强度和受力平衡。（图 3–10）

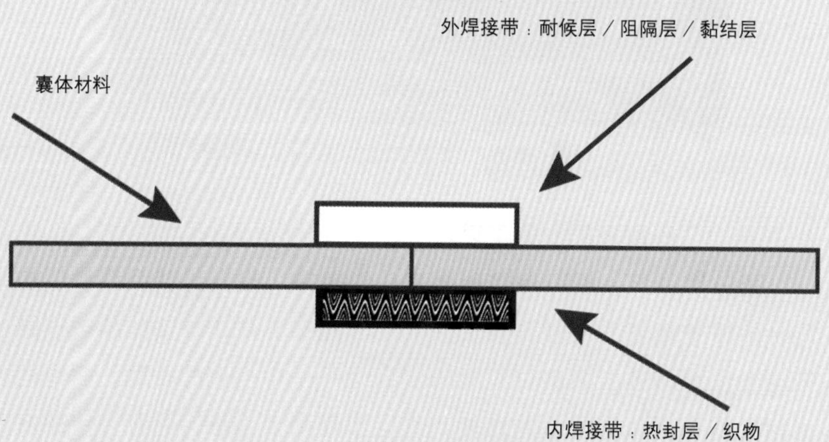

图 3–10　飞艇蒙皮材料焊接结构示意图

五 国内外飞艇研制的突飞猛进

100 多年前，当德国人乘飞艇去探索世界之时，中国人也开始了自己的“中华飞艇”之梦。不过我国的国产飞艇直到 2000 年以后才真正问世。2004 年，“HJ–2000 型”国产飞艇的升空飞行，标志着我国结束了飞艇进口以及国产普通飞艇制造史上的空白。虽然很长时间内，飞艇都是在军事需要和战争牵动下得以发展，但是中国飞艇从诞生到应用一直是出于民用目的，这也是中国大国风范的体现。（图 3–11）

随着各国对空中霸权争夺的不断升级，在大气层外围 30 ~ 36 千米的领域，成了各国虎视眈眈的争夺目标。这一领域空气稀薄、不存在恶劣气候的影响，最关键的是，目前大多数战斗机和对空导弹都无法到达这一高度，因此如果能占领这片领域，将会有极大的战场主动权。基于这种考虑，2003 年美国开始研制一种半自动的“近太空”机动飞艇，以达到占领这一领域的目的。

虽然我国飞艇技术起步较晚，但是我们仍然会努力去追赶。2015 年 10 月 13 日，我国首个军民通用新型临近空间平台“圆梦号”在内蒙古锡林浩特成功飞行，向世界证明了中国飞艇的实力。

图 3–11　中国飞艇

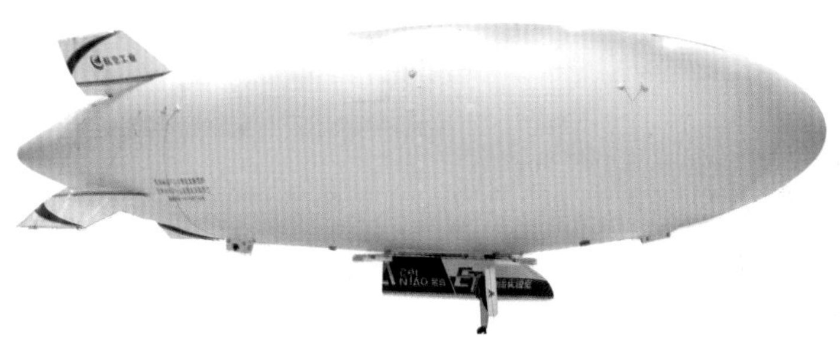

4 飞机用纺织材料

一 引言

飞上天空，是人类自古以来的梦想，是古往今来经久不衰的话题。在古代，飞天之梦历经坎坷，立志于飞天的先贤们不断尝试、不断探索，他们渴望着能像雄鹰一样翱翔在天地之间。虽然大多以失败告终，但通过那些始终坚持梦想的人们的不断努力，终于有了我们今天各种飞机不断涌现的场景。

模仿鸟类飞行是人类对飞行进行探索的最初阶段。文艺复兴时期，解剖学的盛行使得人类对鸟类飞行的研究得到了长足的发展，尤其是达·芬奇《论鸟的飞行》一书引发了人类对鸟类飞行的系统性研究，甚至有人早早预测出飞行器能做到持续飞行的核心问题：轻质的材料、强劲的动力以及灵活的操作性。这不正对应着如今飞机技术发展中升力来源、动力核心与可操作性这三大难关么？因此这部承载着对飞行探索的书籍，象征人类在航空航天领域踏出了第一步。（图 4-1）

直到 1903 年 12 月，莱特兄弟才彻底实现了飞行转向控制，并应用于飞机。该飞机被命名为“飞行者 1 号”，它的成功飞行标志着人类进入真正的飞行时代。但是飞机的发展与制造并不是一帆风顺的，历经百年的发展，飞机的制造材料才由最开始的木材、帆布等，逐步过渡到合金材料，再到现在合金与纺织材料并存的局面。特别是在如今追求飞机的大型化和快速化的背景下，各种新型飞机越来越离不开纺织品，纺织品在飞机的某些结构件或产品上发挥着举足轻重的作用。看到这里，你可能就有疑问了，飞机里的纺织品有那么重要吗？平日里老百姓接触最多的当属民航飞机，在飞机上

图 4–1　鸟类的飞行状态

我们看到的座椅套、地毯、救生衣等产品都是最直观的纺织制品。难道这些就对飞机产生举足轻重的作用了？这些产品固然重要，但是这些是我们司空见惯的纺织品，那些平常我们看不到的飞机中的纺织品才最能体现纺织的科技含量。它们有些在飞机的“心脏”里，有些在飞机的“骨骼”中，你说这些纺织品能不重要吗？

二 飞机的前世今生

（一）古往今来，飞行一直就是藏在人们心中无法挥去的梦想

人们无时无刻不在幻想着拥有一双翅膀，可以像鸟儿一样在空中自由自在地翱翔，穿梭于云际之中。我们小时候常常听说的女娲补天、美猴王大闹天宫、牛郎织女鹊桥相会等故事，这里面都饱含着人们对飞行的美好设想。再去翻阅国内外各种古籍，我们会发现有大量的神话故事、古老传说甚至民间小故事都在诉说着人类对天际、对飞行的美好向往，尤其是希腊神话中“飞翔的代达罗斯”的传说（图 4–2）。它讲述了被囚禁的代达罗斯父子为了逃离克里特岛这永无天日之地，用蜡烛和羽毛制成翅膀成功飞出了诺斯王国。然而，伊卡洛斯沉醉于这飞行的欣喜之中，越飞越高，导致翅膀被

图 4–2 飞翔的代达罗斯

强烈的太阳光所熔化，最终落入汪洋大海。这个传说深刻地反映了人们对于飞行的无限渴望，而飞行的信念也在这一个个的神话故事中不断传承给了下一代，这才有了如今的飞行盛世。

（二）在不断地探索中，飞机终于迎来了它的诞生

随着热气球、飞艇的出现，人们开始触摸到飞行的真谛，这前所未有的突破也激励着人们不断地进行挑战。在 19 世纪初，英国科学家乔治·凯利提出了飞行的基本原理，并亲自设计及试验。他所设计的由织物和木材搭建的滑翔机实现了超过 400 米的低空飞行，这一伟大创举也被看成是现代航空学诞生的标志。在凯利之后，德国工程师奥托·李林达尔也曾致力于滑翔机的研究，并于 1891 年制造出了一架装有固定滑翼的滑翔机，这架滑翔机带着李林达尔创造了滑翔 30 米并安全着陆的世界纪录。（图 4–3）

图 4–3　奥托·李林达尔设计的滑翔机

莱特兄弟一直被认为是飞机的创造者，然而莱特兄弟的飞机成功后其实并没有得到大众的认可，甚至有媒体认为这是一个假新闻。直到飞机放在仓库两年后才慢慢得到认可，特别是在得到军方的肯定后，莱特兄弟才真正名利双收。莱特兄弟的“飞行者1号”采用的材料除了发动机外，更多的是木材和纺织材料。那为什么木头加布料的骨架就可以实现飞行呢?

飞行时因气压原因会造成布料的弯曲拱起，这时气流途经机翼上下表面时的距离便产生了差异，上方的气流由于拱起的形状导致需要经过更长的距离，而下方的气流则会因为距离短而流速更快。如此一来，机翼上方和下方形成气压差，气压差越大，对飞机提供的升力越强，从而让重于空气的飞机飘浮起来，这就是著名的伯努利原理。（图 4-4）

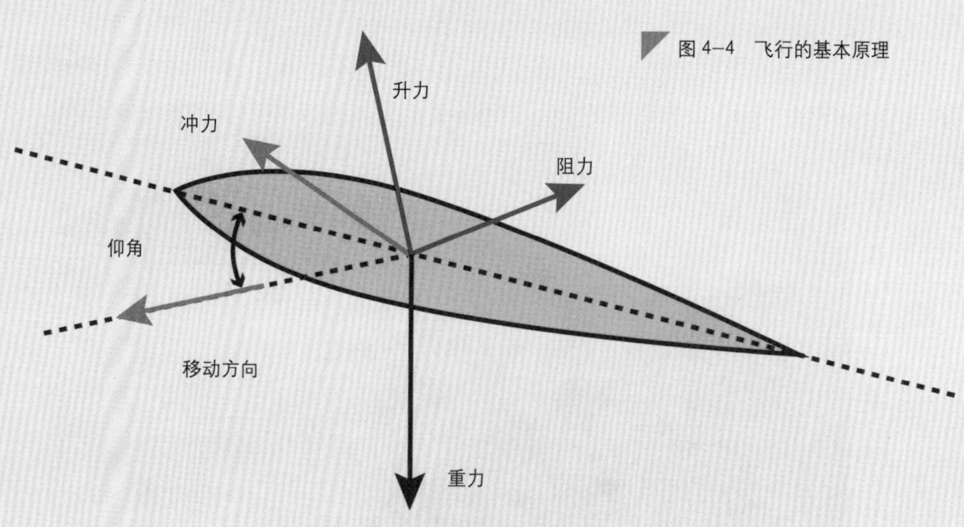

图 4-4　飞行的基本原理

（三）世界大战期间，空中霸权的争夺促使飞机迅猛发展

战争是推动飞机进步与发展的关键因素。很多人以为飞机真正首次在战场上亮相是在第一次世界大战时，但早在 1911 年意土战争的时候，意大利人就率先把飞机应用于战争的侦察工作中，这也是飞机在战争领域初次崭露头角。当 1914 年第一次世界大战爆发后，飞机便成了战略制空权的关键。虽然战争初期军用飞机还只是负责侦察、运输等基础工作，但是随着空战愈演愈烈，战斗机逐渐成了战场的焦点。当时的空战多以近距离战斗为主，这对战斗机的机动性与火力提出了极高的要求，也给由织物与金属构造的飞机带来了极难的操作性。因此战斗机不断向着高机动、超高度、强火力的方向发展与革新。第一次世界大战结束时，战斗机的速度可达到 200 千米 / 时，高度更是达到了 6 千米。第一次世界大战促使航空科技和航空工业有了较大发展。（图 4–5）

图 4–5　第一次世界大战时的飞机

时间来到第二次世界大战期间，这时的飞机已经成为战场的主角（图 4–6）。俗话说，得制空权者得天下。第一次世界大战时期飞机在战场上无可匹敌的作用已经让各个国家不遗余力地去研发更快、更强的战斗机。因此到第二次世界大战开始时，军用飞机早已得到了系统的发展和应用，飞机的种类和用途也得到了细化。不

图 4–6　第二次世界大战时的飞机

图 4–7 喷气式战斗机

同的作战领域对应着不同的飞机类型，由此产生了如战斗轰炸机、攻击机、鱼雷轰炸机、俯冲轰炸机、截击机等不同特点的新型飞机。由于战事的迅猛发展，战斗机的性能也在不断地提升。第二次世界大战期间，为了在空中战争中占到先机，各国争相研究涡轮喷气发动机。到战争后期，战场上便出现了喷气式战斗机的身影，这些喷气式战斗机高速、灵活，往往战无不胜，给世界大战的终结奠定了基础。同时由于在战场上的出色表现，喷气式战斗机逐渐登上了历史的舞台。战后，喷气式飞机得到了飞速发展。（图 4–7）

图 4-8 超声速飞行的"X-1"火箭飞机

图 4-9 飞机逐渐转向民用发展

（四）随着时代的进步，飞机的发展进入黄金年代

第二次世界大战的落幕并未使飞机停止发展的脚步，相反，各国在飞机性能上的比拼反而愈演愈烈，飞机的飞行速度一直是比拼的核心。“X-1”火箭飞机在“B-29”轰炸机的协助下成功试飞，它可以以肉眼无法捕捉的速度飞行，其飞行速度已经突破了 1 马赫（图 4-8）。这一伟大试验标志着飞机的飞行速度达到了新的高度，成功突破声速。

飞机的发展也为之后的民用运输、运载服务奠定了良好的基础。第二次世界大战结束初期，美国在第一时间便把大量的战时运输机改造成民用客机为大众服务，极大地增强了出行的便利（图 4-9）。民用客机也在不断地发展，自 20 世纪 60 年代以来，涡轮风扇发动机被应用到民用的大型客机和超声速运输机中，像著名的“波音 747”“空客 A380”等耳熟能详的客机型号大家应该都不陌生。总体来说，飞机的出现已深刻改变现代人的生活，也成为现代运输、运载服务中不可或缺的工具。

二 遍布于现代飞机中看得见、摸得着的纺织品

随着飞机制造技术的发展与进步，纺织品的用途似乎与飞机的发展渐行渐远，但事实却是飞机上所使用的纺织品数不胜数。走进飞机里一眼望去，地毯、座椅、救生衣等，无一不是由纺织品构成的。但是与我们平时用的纺织品大不相同的是，它们都是充满了高科技的纺织品。具体有多么的高科技，下面就给大家详细介绍。

（一）飞机舒适性用具中纺织用品的奥秘

当我们进入飞机时，首先映入眼帘的必然是那一排排座椅，然而飞机里的座椅垫可不像我们平时家里的座椅垫那样简单。飞机里的座椅垫一般由芯材、阻燃挡火层以及座椅套三个部分组成。芯材常采用聚乙烯树脂和聚氨酯发泡材料，为座椅提供舒适的弹性。但聚氨酯燃烧时可能会产生有毒气体，因此需要在芯材外层采用具有优良阻燃、耐热性能的面料作为防火层，降低聚氨酯燃烧的可能性。最外层为绗缝层压阻燃复合材料包覆构成的座椅套。在具有阻燃性能的前提下，提升了座椅的舒适度，并且能够通过定制化的绗缝图案丰富座椅的外观设计。（图 4-10）

再来看踩在我们脚下的飞机地毯，它们不仅柔软舒适，还要具备很多能够满足飞机内部使用需求的特殊功能。飞机地毯是可能引发飞机火灾的重要因素，很容易引起火势的蔓延导致飞机坠机，因此需要很高的技术含量及严格的使用要求。除此之外，飞机地毯还具有吸声、保温、行走舒适和装饰等作用，其材质多为羊毛制品与改性阻燃锦纶纤维，这样织成的地毯才具备耐火性高、可燃性低的功能。此外，新型高性能纤维的出现，为飞机地毯提供了更多、更可靠的选择。如聚酰亚胺纤维是目前耐热性和阻燃性极佳的纺织材料，其燃烧的烟气毒性极低。国际上一般采用空中客车公司的标准来判定航空领域燃烧烟雾的毒性。空中客车公司是一家由德国、法国、

图 4–10 飞机座椅

图 4–11 飞机地毯

西班牙和英国等国家于 1970 年联合创立的欧洲飞机制造研发公司，是世界一流的飞机制造商。聚酰亚胺的燃烧烟雾毒性是空客公司制定的阻燃烟雾标准的 1/200，可见其性能之优。（图 4–11）

（二）飞机安全防护装备中纺织品的奇妙功能

飞机里的防护装备是飞行安全保障的重中之重，而这些防护装备大都是由纺织品构成的。这些看似轻柔纤薄的纺织品是怎样成为防护装备的呢？答案是，随着纤维材料的发展，纺织品越来越轻便，其强度越来越高，这些特性也使其成为防护装备的首选。

我们常在电影中看到这样的桥段，飞机广播中在播报：“请各位乘客系好安全带。”这时，我们看到的是一根带有金属头的带子。不要小看这个宽度仅为 51 毫米的布带，它可以有效承受意外颠簸带来的巨大冲击载荷，保护乘客的安全。这已远非当初由普通布料制成的安全带，它强度高且有一定弹性，还可阻燃。金属连接头可快速释放，有效避免紧急情况下的锁死状态。（图 4–12）

我们也时常会在新闻里看到，飞机紧急迫降后每一位乘客穿着救生衣依次从滑梯上逃生的画面，这些由纺织品构成的救生滑梯、

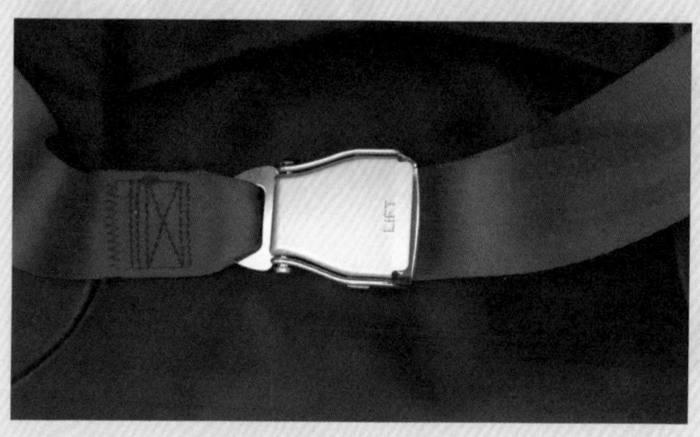

图 4–12　飞机安全带

救生衣就成了逃生最后一步的关键。通常来说，救生衣采用表面涂敷反光涂层面料。如用尼龙面料制备的救生衣具有一定气密性，其中间填充浮力材料，可以让使用者借助救生衣提供的额外浮力等待救援，提高生存概率。

而救生滑梯就相对复杂了。可曾听说过“民用飞机救生滑梯被乘客意外放下，因而面临不菲罚款”的报道呢？这就很让人纳闷了，只是误打开一个充气滑梯，怎么会有这么重的处罚呢？传统的救生滑梯一般采用橡胶涂层织物生产，成品率不高，且橡胶易老化。目前，我国民用飞机的救生滑梯大多采用热塑性聚氨酯橡胶与织物复合制备，要经过阻燃聚氨酯涂层、低摩擦系数抗静电涂层和热反射涂层等复杂工序且造价高。救生滑梯虽然是飞机上乘客紧急时刻的“救护神”，但也是“很薄弱”的一环，不能随意放下。（图 4–13）

战斗机在高空中的飞行看似华丽，但其实恶劣的环境与高速失

图 4–13　飞机的救生滑梯

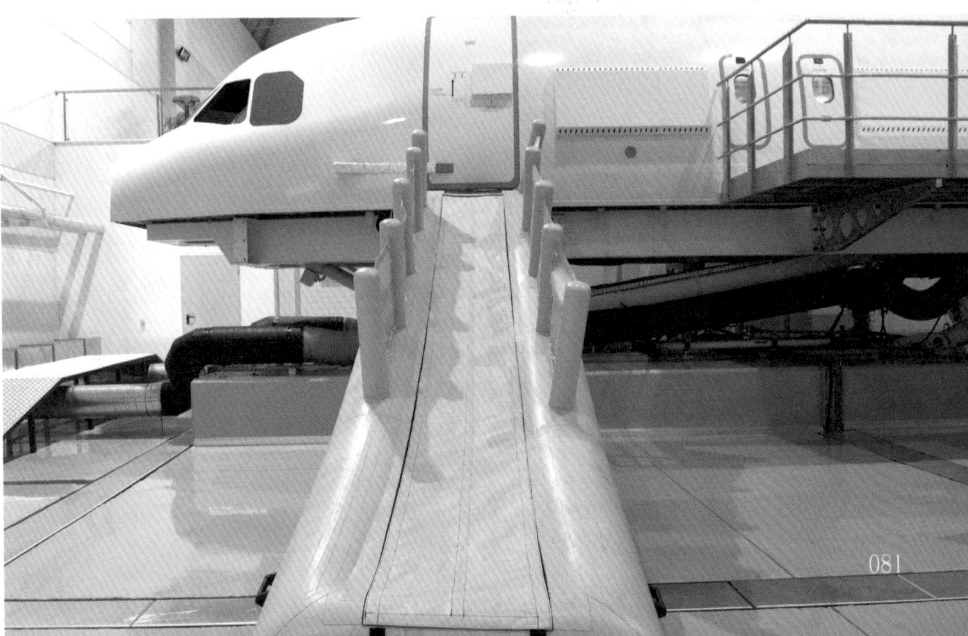

图 4-14 飞行员的防护头盔

重状态会给飞行员带来前所未有的挑战。因此，对飞行员的防护极为重要，首要的便是对飞行员头部的保护。以使用材料划分，飞行员头盔可分为两大类：第一类是以金属材料为主的头盔，虽然可以给飞行员提供有效保护，但偏重；第二类是以高性能纤维材料为增强体的头盔，这些高性能纤维包括凯夫拉、超高分子量聚乙烯纤维等。这些材料的应用让飞行员头盔的质量大大减轻，同时还提供了更优异的防护保障。（图4-14）

图 4-15 飞行员的抗荷服

飞行服是飞行员在执行各项任务时穿着的各类制服的总称，包括高空代偿服、跳伞服、抗荷服、液冷服等。飞行员在高速飞行过程中，血液在过载或离心力作用下聚集到下肢，这种情况可能会造成飞行员的大脑和心脏缺血，从而导致飞行员出现晕厥、丧失意识等危险症状。这里就来着重说一下“黑科技”飞行服——抗荷服（图 4-15）。目前充液式双层抗荷服可以有效覆盖全身，外层是不可伸缩的材料，夹层中埋藏注有液体的管子，内层是防水隔膜。注有液体的管子可以连接身体的各个部位，这些液体在过载条件下与血液一样会聚集到下肢，导致该部分面料膨胀，从而对飞行员下肢产生额外压力，迫使血液在压力作用下反流回心脏和大脑，避免不良反应。

四 藏在现代飞机“五脏六腑”内的纺织品

我们常常认为飞机是由合金制成的大家伙，与纺织品毫不相干。但是随着科技的进步，在飞机制造技术高速发展的今天，纺织品的作用举足轻重，助力飞机向着更高、更快、更大、更远的方向发展。平常我们所看到的各种飞机，貌似和纺织品没有关联，但实际上早已被纺织品遍布“五脏六腑”。让我们来“解剖”飞机，一起去寻找飞机内部的纺织材料吧！

（一）飞机“内脏”里藏着的纺织品

发动机是飞机的“心脏”，一般称为航空发动机，它决定着飞机的机动性和可靠性。那飞机“心脏”中的纺织品在哪呢？我们以航空燃气涡轮喷气发动机为例来进行剖析。（图 4–16）

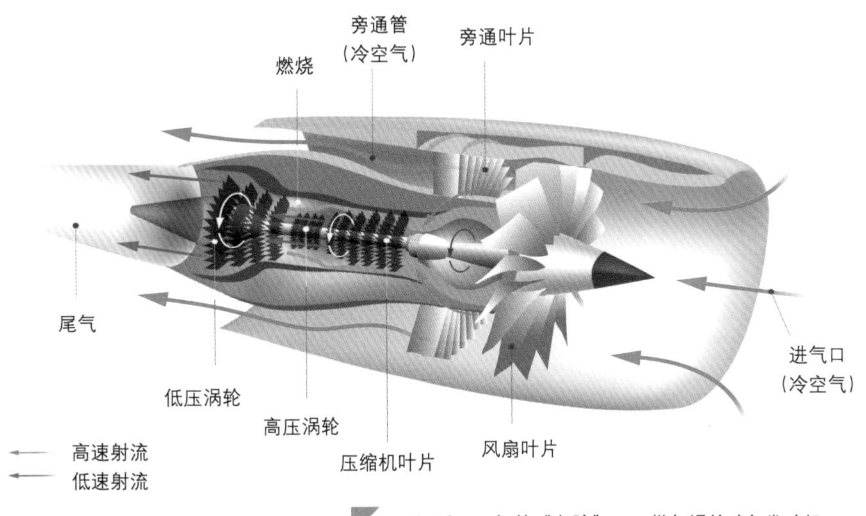

图 4–16 飞机的“心脏”——燃气涡轮喷气发动机

燃气涡轮喷气发动机主要是由进气道、压气机、燃烧室、涡轮、喷管等部件构成的。“心脏”（燃气涡轮喷气发动机）运作时会产生超过1000℃的高温，因而对“心房”的材料要求极高。复合材料中的“心房”指的是“心房骨架”，复合材料中的碳纤维则是由碳纤维毡或由碳纤维编织成的集合体形式。根据编织技术的差异，编织材料有单向编织和多向编织两种。多向编织最少为两向，最多为十一向。当复合材料加工好后，再在其表面加上耐高温的陶瓷或其他材料，这样就可以抵御航空发动机内部的极端高温，让航空发动机的涡轮扇叶既轻又耐用，从而赋予飞机一颗强劲的“心脏”。除此之外，纺织材料还可对飞机“心脏”进行精细护理，如采用高性能的对位芳纶制造的蜂窝结构材料作为航空发动机的轻量化吸声材料。这种吸声材料除了吸声，还可以帮助飞行时的航空发动机抵御空中的冰粒等硬物，提高飞行时航空发动机的安全性。

如果要把飞机里哪个部位比作“胃”，那一定就是飞机的吊舱了（图4–17）。它可以把包括飞机航空发动机和机翼连接的结构及系统设备、管线路在内的部件全都“吃”进肚子里。就目前来说，飞机吊舱的材料以纺织复合材料为主，复合材料中又包括无机材料类和有机材料类。无机材料类的，如采用石英纤维与陶瓷复合而成的石英陶瓷，又如采用氧化铝纤维与陶瓷复合而成的氧化铝陶瓷；有机材料类的如聚苯乙烯纤维与树脂复合而成的材料。有了这些复合材料，一方面可以降低吊舱的质量，另一方面还可赋予其电性能、耐候性能等优势，从而让飞机拥有一个强大的“胃”。

接着给大家介绍一下飞机的“脂肪层”——飞机的隔热层（图4–18），它可以吸收飞机产生的大量热量，这是不是和人体的脂肪有着相似的功能呢？常规飞机的隔热层一般通过蜂窝结构的纺织复

合材料来实现，而航天飞机则采用非金属隔热材料作为隔热层。传统的隔热材料一般采用金属瓦结构，在太空中如遇到高低温交变循环会造成连接稳定性问题，且难以减轻总质量。而非金属隔热材料，如刚性陶瓷纤维隔热材料与非金属纤维毡所制成的防热系统，可有效减轻质量，并且能解决热膨胀问题。目前，非金属隔热材料已成为航天飞机上至关重要的“脂肪层”。

图 4–17　飞机的“胃”——吊舱

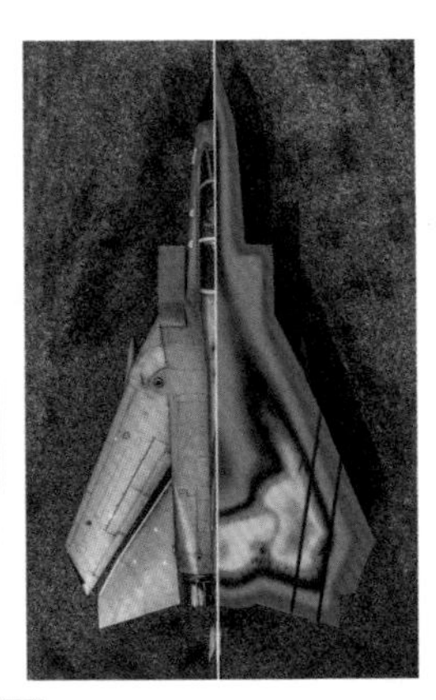

图 4–18　飞机的“脂肪层”——隔热层

（二）飞机“皮肤”里藏着的纺织品

飞机的骨架层是飞机的“骨骼”，是飞机承受力学载荷的关键（图 4–19）。在合金时代，这些都是由轻质合金构成，但是合金再轻，其密度也是比较大的，想要制造更大或更快的飞机就会被其质量所限制，并且飞机的“心脏”能力想要跃升到新的高度还有很多技术未被突破。如何能够让飞机轻量化，如何能让飞机可以承受更大的有效载荷？随着碳－碳复合材料制造技术的提升以及高性能碳纤维的出现，越来越多的飞机在这些构件中采用碳－碳复合材料，使得复合材料又大展拳脚。例如，“空客A380”飞机的中央翼盒改用碳－碳复合材料后，比原来铝合金减重1.5吨。飞机轻量化后，在相同航空发动机的推动下，其飞行的机动性能和运载能力会得到大幅提升。

说到飞机的“皮肤”，那必然指的是飞机蒙皮（图4–20），它从外面包裹着飞机的骨架结构，不仅可以给飞机一个好看的外观，更重要的是影响着飞机的流场气动结构。在飞机发展史的早期，因受材料种类的限制，蒙皮多以帆布为主要材料制作，但这种纺织品做的蒙皮，寿命受环境影响很大。随着材料科技的发展，蒙皮制作材料的选择又多以金属薄片居多，但其质量偏重。现在，各种高性能纤维的用量大增，而这些用高性能纤维做的结构材料也被应用于飞机的蒙皮设计之中。有的蒙皮还会采用合金和复合材料夹层的结构，夹层蒙皮的上下面板既可以用金属材料，也可以用复合材料。蒙皮内部一般采用泡沫夹层或蜂窝夹层，这些夹层常采用高性能纤维作为基材制备而成。这类夹层承力很大，且可以为飞机内部提供很好的隔热保护，如此而来便形成了飞机坚固的“皮肤”。

图4–19 飞机的“骨骼”——骨架层

图4–20 飞机的“皮肤”——蒙皮

如果说机翼是飞机的“双手”，那么飞机轮胎则可以比作飞机的“双脚”（图4-21）。飞机这么大的个头却只有这么小的脚，是不是有些头重脚轻呢？确实，就这么几个小小的轮胎不仅要支撑飞机庞大的体形，还要抵抗着陆时极大的冲击力，这对轮胎的抗冲击、耐磨、阻燃、耐高低温、耐腐蚀和轻量化等一系列性能提出了苛刻的要求。除了对橡胶性能的要求外，关键在于轮胎的骨架——帘子布。轮胎作为飞机的“双脚”，那帘子布则是“脚掌骨”。帘子布是一种机织布，其强度主要由经向纱线提供，纬向纱线仅起固定经向纱线位置的作用。其中芳纶的强度及性能优良；锦纶纤维具有强度高、弹性好、抗冲击性强等优点，因此芳纶与锦纶的复合帘子线目前已被用于制造飞机的轮胎。

正是因为有了这些“黑科技”加成的纺织材料，才使得我们的飞机能够如此平稳、安全地飞行与着陆。

图4-21　飞机的“双脚”——飞机轮胎

5 降落伞用纺织材料

图 5-1　降落伞的结构

一　引言

在漫长的历史长河中，能够自由自在地在天空中翱翔，一直是人类不懈追求的梦想。但是在成功飞上天后，如何安全降落到地面的问题，一直困扰着人们，于是降落伞就应运而生了。直到 1797 年，第一个人从天空平安返回地球，人类梦想才最终成真。在之后的发展中，降落伞更是被作为一种工具而广泛应用于航空航天中。

那么降落伞到底是什么呢？它是一种航空航天工具，由伞衣、伞绳、伞带和伞线等纺织材料组成（图 5-1）。简单来说，降落伞的使用原理是利用空气阻力使人员或物体从空中安全降落到地面。好比人将一把张开的雨伞带着一起跑步，则会受到巨大的阻力作用而影响速度。降落伞是通过张开的巨大伞面，增加与空气接触的表面积，从而达到减速的目的。所以飞机上飞行员或者跳伞运动员使用的降落伞，为了承受住人的体重，其伞衣的面积展开后有 20 平方米左右，这相当于一个两居室客厅的大小。但是，如此巨大的降落伞却能被收纳进只有 0.02 立方米容积的伞包之中。伞包有着和伞衣面积不相符的轻巧外形，跟一台小型家用洗衣机大小差不多，而其总质量只有 10 千克左右。神奇的是，这种体积小、质量轻的“轻量级”选手，托起了无数飞行员的身体，为众多飞行员提供了生命保障。

降落伞根据用途的不同，主要分为：人用伞（图 5–2a）、投物伞（图 5–2b）、特殊用途伞（图 5–2c）和减速伞（图 5–2d）等。体格这么小的降落伞，为何有这么大的能量来实现这么多的用途呢？这主要归功于降落伞伞衣面料和独家设计的整体气动外形，以及降落伞所使用的多种高科技纺织技术。

图 5–2　各种类型的降落伞
a 人用伞
b 投物伞
c 特殊用途伞
d 减速伞

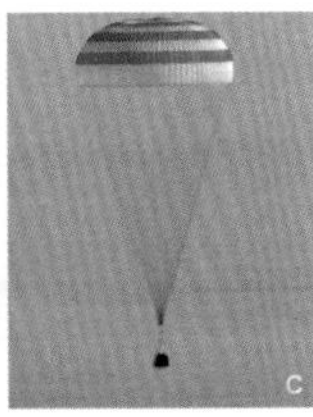

二 降落伞的前世今生

1797 年 10 月 22 日，巴黎蒙梭公园人潮汹涌，因为一个挑战马上要迎来最后的结局。一年前的一天，一个叫加纳林的法国年轻人宣布：他要从 700 米的高空跳下然后平安无事地落地。这个消息一出，立马引起了社会的哗然，大家都觉得这个年轻人疯了。因为在此之前，没有人能从这么高的高空跳下还能活着，大家都认为他不可能完成这个挑战。时光飞逝，加纳林一年后如约来到了巴黎蒙梭公园。在惊恐的人群面前，他坐上了气球缓缓地升上了天空。在到达 700 米高度的时候，他毫不犹豫地切断了气球下方固定气球和吊篮的绳子。伴随着观众的惊呼，他急速下坠。就在大家以为这个年轻人要为此

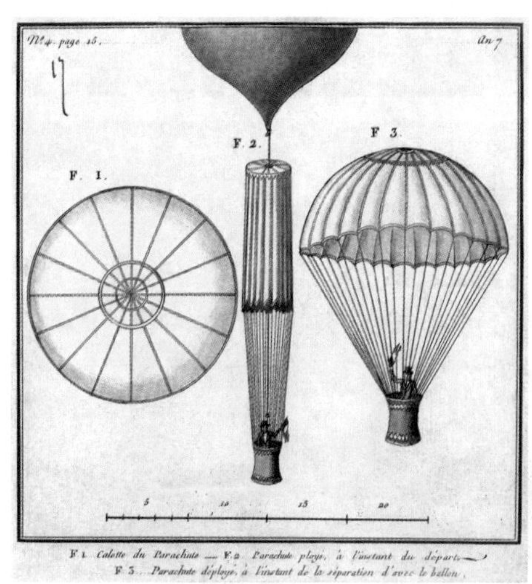

图 5-3 加纳林降落伞设计图

图 5-4 加纳林跳伞示意图

付出生命的代价时，一具丝绸制作的降落伞迅速打开并鼓气，加纳林则站立在吊篮中不断地摇晃着降落到地面。虽然由于下降过程非常颠簸，加纳林不得不牢牢地抓紧吊篮的边缘，但是这次挑战还是取得了巨大的成功。这历史性的一跃，标志着人类首次跳伞成功。（图5-3，图5-4）

其实如何从高空返回地面，千百年来一直是人类研究的课题。在司马迁所著的《史记》首篇《五帝本纪》中，记载了远古传说中一个关于舜帝的小故事。传说舜帝很小的时候就失去了亲生母亲，而他的父亲瞽叟在原配妻子去世之后又续弦了一位妻子，并且给舜帝添了几个同父异母的兄弟。之后，瞽叟对后妻所生的孩子非常喜爱，但是对舜帝却不管不顾，甚至觉得他碍眼想要杀死他。有一天，瞽叟家粮仓顶上的茅草被风吹掉了，需要重新铺，于是瞽叟就要舜帝去修理粮仓的屋顶。当舜帝爬上屋顶准备修理粮仓的时候，瞽叟却在粮仓底下放了一把大火企图烧死舜帝。被困在屋顶的舜帝看到这个情况后观察四周，发现屋顶上有干活时用来遮阳的大斗笠，于是他急中生智顺手抄起了两个大斗笠，一只手拿一个，像鸟一样张开双臂，从高高的粮仓顶部一跃而下。当人们以为他会摔死的时候，却发现他居然毫发无损。尽管这只是一个传说，却说明人类自古就对从高空顺利返回地面心向往之。

世界上第一个系统设计出降落伞的人，应该是欧洲“文艺复兴后三杰”之一的达·芬奇。人们在他的手稿中发现了世界上第一具降落伞的结构图，正是他的大胆设想，使得降落伞有了从理论成为现实的可能。随着时间的推移，热爱冒险的人们不断刷新着跳伞的高度，高塔和热气球成了科学家们的试验平台，推动着降落伞技术不断向前进步。

飞机的出现，为降落伞的发展按下了加速按钮。因为早期的飞机并没有什么复杂的结构来保障飞行员的安全，而且在那个年代，飞机的制造工艺也并不精细，很多部件为纯手工制作，存在着严重的安全隐患。所以，当时的飞行员如同赌命一般，空难常常发生。于是，为这些冒险者们提供一项必要的安全保障，成了一个迫在眉睫的问题，而降落伞就是解决这个问题的最优方案。当时间来到1911年，即莱特兄弟发明出人类第一架飞机的8年后，俄国人考杰尼科夫设计出第一个用于飞行员逃生的降落伞。与过去的降落伞相比，新式降落伞做出了很多革命性的改变，比如第一次将降落伞折叠起来，放进体积较小的伞包中，跳伞者可将伞包背在身上。这些改变保证了飞行员从飞机的不同地方跳伞时，伞衣均能正常打开。

在随后的第一次世界大战中，降落伞的使用迎来了高光时刻，它成功帮助大量飞行员从空战中逃生。1922年10月20日，在俄国人考杰尼科夫发明新型降落伞11年后，美国陆军航空队试飞员哈里斯中尉，在俄亥俄州试飞“洛宁”式单翼机时，飞机出现了严重故障，他逃出飞机后打开降落伞成功自救。这是历史上首次飞行员在飞机失事后使用折叠式降落伞顺利逃生的案例。而这段时间的降落伞，所用的材料仍然是棉和蚕丝这样的天然纤维。在20世纪30年代，随着化学纤维的出现，降落伞也迎来了新的发展时期。当人类脚步从地面升到天空，再从天空迈向太空宇宙，在这个过程中，降落伞的应用领域更加丰富，降落伞家族也更加壮大。

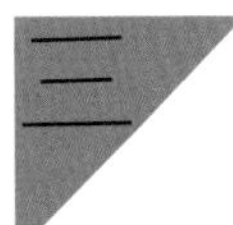

三 降落伞中使用的纺织材料

虽然一具降落伞中有 2/3 的材料都是纺织品，但是这些纺织材料具体是什么大家可能不太了解。接下来就带大家认识一下这些应用在降落伞中的纺织材料。

（一）古代降落伞中使用的纺织材料

首先，我们来聊聊古代降落伞是用什么材料制作的。古代降落伞主要使用的是以棉和蚕丝为主的天然纤维。一方面由于化学纤维

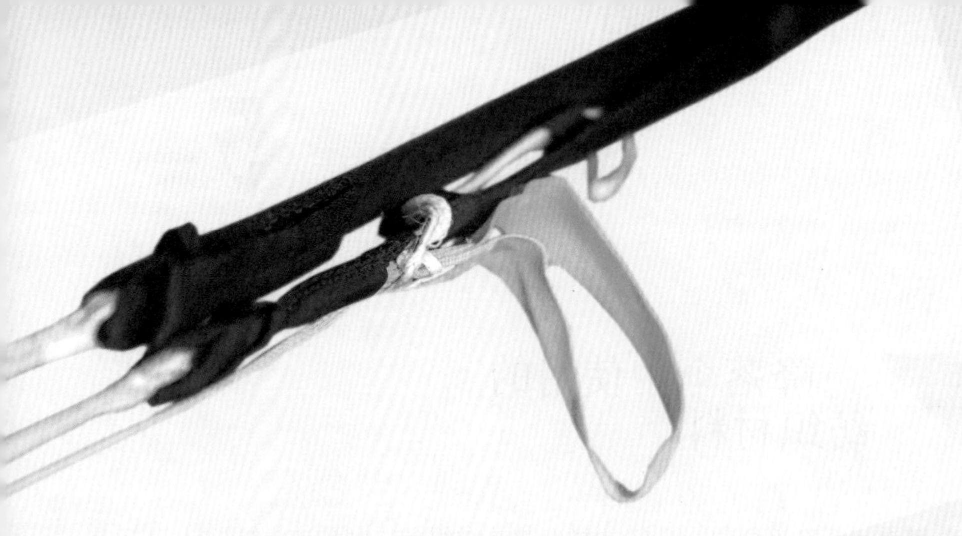

还没有诞生，另一方面这些天然纤维表现出柔软且强韧的特点，这使它们成为当时降落伞设计师的首选材料。这一时期的降落伞和我们现在熟悉的降落伞并不相同，它们都是提前展开的。降落伞的伞衣通过粗壮的缆绳与下面挂着的吊篮相连接，使用者需要站立在吊篮里。

（二）现代降落伞中使用的纺织材料

随着飞机的飞行速度越来越快，降落伞的开伞速度也不断提高，降落伞的外形要求更加轻盈，这就对降落伞的伞绳提出了更高的要求。之前的伞绳大多采用天然纤维材料，已经不能满足现代降落伞更为严苛的质量要求。更快的开伞速度，要求伞绳在开伞瞬间所能承受的力更高；而更轻的装备质量，则要求降落伞绳的质量更轻。尼龙凭借着其质量轻、强度高等特点，一出现便迅速取代了蚕丝在降落伞绳这一领域长期的霸主地位。质量轻而手感柔软的尼龙，较之蚕丝在强度和弹性上有着更加出众的表现。并且尼龙制作方便、造价低廉的特点，解决了蚕丝纤维售价高昂、产量不足的缺陷。尼龙摇身一变，成为降落伞绳制作材料的最优选择。此后，尼龙垄断了伞绳原材料市场，这一局面直到 20 世纪 70 年代凯夫拉纤维发明以后，才得以打破。

四 降落伞的制造工艺

在了解降落伞中都使用了哪些纺织材料以后，想必大家会有这样的疑问：这些纤维材料是怎么变成我们常见的绳、缆、网、伞的呢？这就需要依靠先进的纺织加工技术了。

（一）降落伞伞绳的制作

大家见过棉花吧？纺织品用的棉花是棉植株结的蒴果（又叫棉铃）成熟裂开后露出的柔软纤维，这些纤维就是纺织原材料最初的样子。单根棉纤维的直径大概只有 20 微米，这相当于一根头发丝直径的 1/3；而蚕丝的直径只有 5 微米左右，仅相当于一根头发丝直径的 1/10。那么怎样将这些细小的纤维变成粗壮的伞绳呢？其中大概要经历四个步骤：第一步，将短纤维纺成纱；第二步，将多根纱

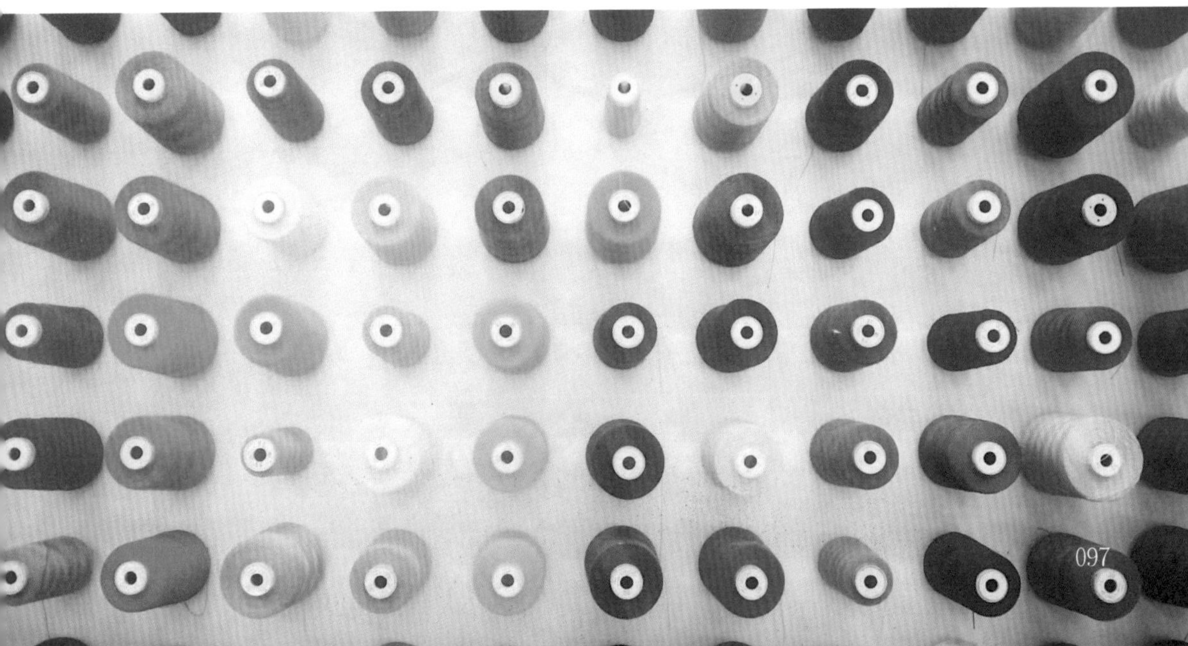

并合加捻成为线；第三步，将多根股线相互穿插交织而制成绳子；第四步，将多根绳子像钢丝绳一样规则堆砌作为伞绳的内芯，在芯绳的表面进行编织，最后形成可以用在降落伞上的粗壮缆绳。

1. 纱线的制作

什么是纱线？纱线是由短纤维沿着轴向排列，或由长丝组成的、具有一定细度和力学性能的一维线性纤维集合体。那么，纱线是如何被纺出来的呢？纺纱是一个系统性的工程。以纺棉纱线为例，棉

图 5–5　老式纺纱机
图 5–6　现代环锭纺纱机

花采摘下来并去除棉籽后，所呈现出的形态是一大团杂乱无章的纤维集合体，这样的形态是无法直接进行加捻成纱的。因此，我们要先将大块的纤维团扯散成小束，然后再通过机器对其进行梳理，把它们分解成单纤维。经过梳理的单纤维排列成网状，紧接着被收拢成细长的须条，逐步使单纤维沿长度方向顺序排列，将这些须条通过牵伸抽长、拉细，使其中仍然弯曲的纤维逐步伸直。最后，利用回转运动把牵伸后的须条加以扭转，增强了纤维间的纵向联系。通过这些步骤制成的具有一定强度、刚度、弹性，达到一定使用要求的纤维集合体就是纱线。（图 5–5，图 5–6）

2. 线和绳的制作

在现实生活中，人们往往不对纱和线进行区分，而是笼统地称为纱线。然而在纺织工程领域，纱和线是两个不同的概念。纱是指单纱；而线即股线，是在单纱的基础上，通过对其进行合股加捻而得到的两股或多股线。线的加工方法源于纺纱的加捻及其变异，将两根或两根以上的单纱合股加捻形成的股线比单纱具备更高的强度、更好的弹性，并且更加耐磨。（图 5–7）

图 5–7 现代编织机

我们将股线编织后就能得到绳索。较为常见的编织方法是由两组锭子分别沿着“8”字形轨道的顺时针和逆时针方向运动，依次通过交织点进行交织。绳索内部的纤维束相互平行没有交织点，仅通过绳皮的包覆作用来实现绳索结构的稳定。

这种结构的绳索具有很高的强度。因为在受到外界拉伸作用时，内部平行排列的纤维提供了很高的强度利用率；同时，绳索中的股线不会解捻，股线编织结构间也没有挤压作用。绳索结构紧密耐磨，内部纤维的排列状态保证了绳索的柔软性和延展性。但是较细的绳索仍然满足不了降落伞的制造需求，所以我们还要将绳索加工成缆绳。缆绳是内外复合结构，即通过外层交错编织与内层螺旋捻合的协同作用构成，但与编织绳又存在着本质的不同。缆绳芯部的纤维并不是平行排列的，而是呈螺旋状堆砌，与钢丝绳类似。这种结构的缆绳，其纤维强度转换率较高，在直径为 12 ~ 50 毫米的六股绳索中可以达到 85% 左右。在充分利用了缆绳结构所带来的优异的力学性能基础上，缆绳成了降落伞的生命线。

（二）降落伞伞衣的制作

降落伞只有伞绳是远远做不到让人从高空平安降落的，还需要伞衣来增大与空气的接触面积以达到减速的目的。别看伞衣只是一块面积很大的布，但是这块布可大有文章。降落伞在使用时有两个巨大的安全隐患，首先它在下降的过程中会不断地与大气摩擦，而摩擦会产生大量的热量；其次伞面与大气接触，会有超强的冲击力作用在伞衣上。这些直接关系到降落伞能否安全落地。飞行中，降落伞会受到各种形式的破坏，比如变形、燃烧、撕裂等，因此对降落伞材料的强度、耐撕裂、防燃烧等性能提出了很高的要求。这就必然要求伞衣这块布的透气量越小越好，当然，其强度也是越高越好。

1. 20 世纪以前伞衣面料的结构特点

制作降落伞伞衣的面料是机织布，而机织布是由经纱和纬纱按一定规律相互交错所形成的片状物。经纱是平行于布边的纱线，而纬纱则是垂直于布边的纱线。相互交错的经纬纱之间通过摩擦、挤压和接触等作用形成了稳定的结构。由于伞衣布是由一根一根的纱线交错形成的，所以纱线之间产生的空隙是影响织物透气性的关键。当时的科学家为了让降落伞满足使用要求，选择蚕丝织造的平纹织物作为伞衣的材料。（图 5–8）

平纹组织是最简单的织物组织形式，每根经纬纱仅交错一次。因为其交织点多，织物的气密性好、断裂强度高，所以，在化学纤维出现之前，采用蚕丝为原料织造的平纹织物无疑是最佳的选择（图 5–9）。虽然平纹组织的交织点多、结构紧密，但纱线在织物中不易

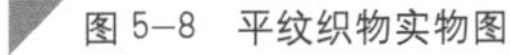
图 5–8　平纹织物实物图

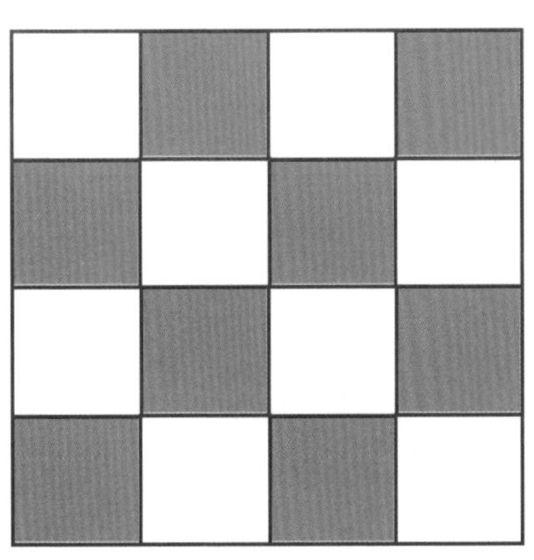

图 5–9　平纹组织图

滑动，这也导致了平纹织物抗撕裂强度偏低。直到 20 世纪，这一问题才得以解决。

2. 20 世纪以后伞衣面料的结构特点

自从人类把降落伞塞进背包，降落伞便有了更快的开伞速度，但这也对降落伞伞衣的面料提出了新的要求。在这些要求中，柔软、轻薄和优异的机械强度，以及一定的透气性能是其中最重要的。与 20 世纪以前的降落伞伞衣面料普遍选择平纹的棉或蚕丝织物不同，20 世纪以后设计的伞衣面料，在平纹组织的基础上，间隔一定距离在经纬向各增加一组纱线，以重平组织或方平组织进行交织（图 5–10，图 5–11）。采用这一织物组织的出发点，主要是为了解决织

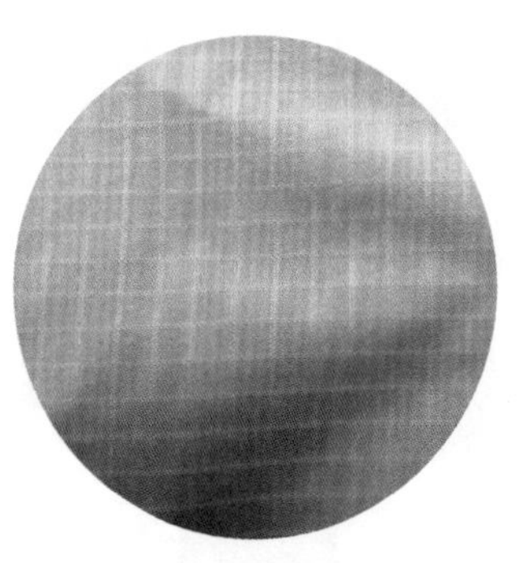

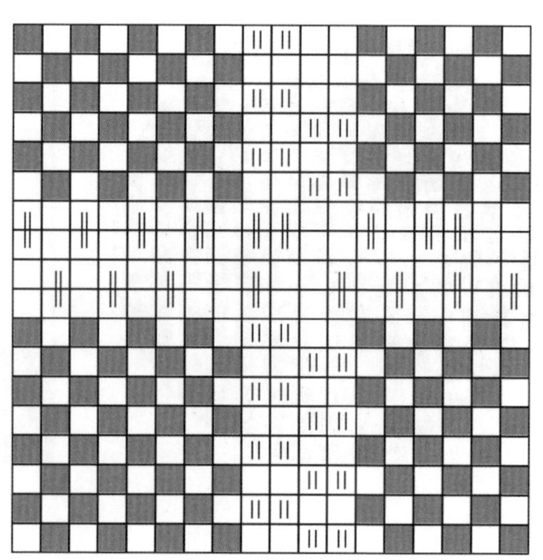

图 5–10　现代伞衣面料实物图
图 5–11　现代伞衣织物组织图

物的抗撕裂问题。

平纹组织具有致密的结构，那么要如何解决平纹织物的抗撕强度偏低的缺陷呢？为了解决这个问题，就需要采用重平组织或方平组织来补充。在重平组织或方平组织穿插进平纹组织后，就好像将原先一面光滑的墙壁变成了一面栅栏围墙，使其更加具有韧性。平纹织物的撕裂过程，大抵是一块布中的纱线一根根地断裂，最后是整块布被撕裂。那么重平或方平组织织物的撕裂过程就是，这块布中的纱线两根两根地断裂，才能使织物被撕裂。所以在平纹组织中加入重平组织或方平组织形成格栅结构，能够极大地提升织物整体的抗撕裂能力。

世界上绝大多数的降落伞伞衣采用平纹组织为基体，并辅之以重平或方平的格栅组织，这已成为降落伞伞衣织物一种特定的组织结构形式，在国际上通常称为“抗撕组织”。

五 国产降落伞研发突飞猛进

中国的降落伞事业起步很晚，直到中华人民共和国成立以后，我们才有了自己的降落伞生产企业。最早的国产降落伞是诞生于1951 年的 110 型救生伞。1951 年 9 月的一天，位于沈阳的宏光机械厂收到了一项试制任务，而发出这个任务的单位就是刚刚成立 4 个月的中国航空工业局，这个任务的具体内容就是生产我国第一具国产降落伞——110 型救生伞。当时的宏光机械厂虽然一接到任务就开展了研制工作，但缺乏相关的研究资料以及正式样品。在时间紧、任务重的时代背景下，宏光机械厂为了尽快完成任务，便以一具旧的苏制降落伞为样品开始了研制工作。中华人民共和国成立初期，国家各行各业都百废待兴。在原材料及制造设备极度缺乏的艰苦环境下，我国的科学家充分发挥其主观能动性，没有伞衣材料就用缝制被面的真丝绸，缺乏金属零件就用拆下的旧雨伞上的零件代替。由于没有专业的设备，在缝制降落伞上的背带时，普通的缝衣针根本扎不透，于是就找来一个老皮匠，用缝补皮鞋的工艺进行缝制。

虽然过程艰难，但是中国的工程师们靠着这样的土办法，从1951 年 9 月到 12 月，一共制备了 5 具降落伞。这开创了我国国产降落伞研制的先河。

这一时期的国产降落伞，其伞绳和伞衣与之前相比区别不大，仍是采用天然纤维，如棉纤维和蚕丝纤维。虽然使用的原材料主要为天然纤维，其织造的织物强重比较低，但是它们仍然在抗美援朝战争中发挥了重要的作用，填补了中国空降兵降落伞的历史空白。

（一）国产锦纶降落伞

图 5–12　中国空降兵

1958 年，我国开始研制锦纶织物降落伞，其强重比明显提高。材料的改善使得此时的降落伞各项指标都有了全面的提升。使用锦纶这种化学纤维制造的降落伞，即使飞机的飞行速度达到了 200 千米 / 时，飞行员在遭遇意外时也可顺利跳伞逃生。由于锦纶纤维相较于棉纤维或蚕丝纤维的质量更轻，在使用了锦纶纤维以后，一具空降兵使用的降落伞其质量可以减少约 8.3 千克，这无疑给空降兵减轻了很大的负担。（图 5–12）

（二）国产其他纤维材料降落伞

降落伞材料选用的关键在于是否具有较强的支撑力。随着对降落伞强度要求的提高，传统纤维的强度难以达到新的标准。为了跟上降落伞发展的步伐，降落伞材料也面临着更新换代，20 世纪中叶，在老一辈科学家们的艰苦奋斗下，我国成功研制出包括聚乙烯醇纤维、聚丙烯纤维在内的多种化学纤维，并且将这些纤维材料大量地运用到了降落伞上。1979 年，上海化纤九厂研制出高强度聚酰胺纤维，这标志着我国在降落伞领域开始向西方发达国家看齐。正是因为前人的筚路蓝缕，才有了今天我国降落伞行业位于世界领先水平的局面，也使得我国成为世界上少数几个能够生产航空航天用降落伞的国家。

六 降落伞在航空航天领域的应用

（一）航空用减速伞

1. 飞机减速伞的组成

所谓的减速伞，就是通过减缓控制快速移动的物体的速度，以给物体提供均匀稳定速度的一种锥形伞体。减速伞一般由引导伞、伞衣套、主伞、连接装置、保护装置、伞袋、封包钢丝等部件组成（图 5–13）。当战斗机从天空返回地面的时候，其速度非常快，要是没有减速伞的话，飞机降落所需要的跑道将会非常长，一不小心就可能会冲出跑道。为了保证飞机能够安全降落，在其降落的过程中，飞行员要打开位于飞机尾部的减速伞包。当引导伞被扯出后，主伞在空气阻力的作用下也将会打开，使得飞机减速。

具体来说，引导伞、伞衣套和主伞的主体都是由纺织材料编织而成的。其中，引导伞的作用是将包装好的减速伞从伞舱中拉出，

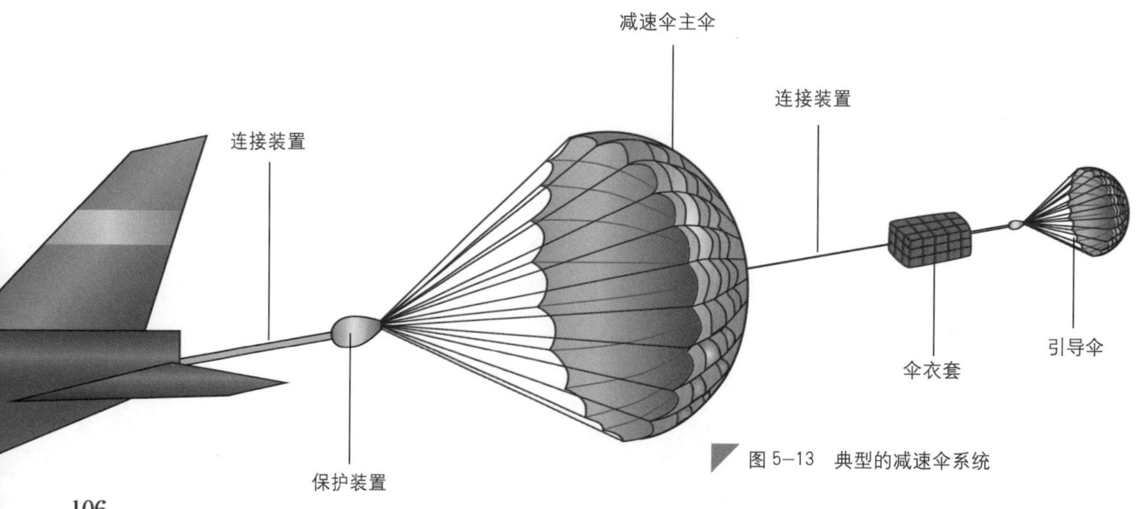

图 5–13　典型的减速伞系统

再拉直并拉脱伞衣套，最终由连接绳索将各部件连成一个整体并与飞机相连接。减速伞多采用有弹簧骨架的引导伞或带中心绳的引导伞。此外，常通过纺织品的结构设计来改进减速伞的主伞，多采用锥形伞、环缝伞、带条伞或十字形伞等结构形式。与传统减速伞相比，锥形伞的阻力更小，在应用时不会使飞机结构受损。

减速伞的设计与降落伞类似，但更需要具备轻薄与高强度的技术特征，以便飞机着陆时增大空气阻力。大家可能会产生疑惑：由小小的纤维编织而成的连接绳索，能承受得住高速飞行的飞机在着陆时产生的巨大拉力吗？下面就给大家解答一下：目前减速伞主缆的材质主要是超高分子量聚乙烯纤维（图 5–14）。其最大的特点是质量轻、强度高、耐腐蚀。它的密度非常小，相对密度仅为 0.97，比水的密度还要小，所以它能浮在水面上。另外，超高分子量聚乙烯纤维材料的强度非常高，在同等条件下，其强度是铁的 10 倍。由最新一代的超高分子量聚乙烯纤维所制备的伞绳只有 8 毫米粗，但是其强度与 18 毫米粗的尼龙绳相近，而后者的质量却比前者高了近

图 5–14　减速伞上的高强连接绳索

一倍。直径为1厘米的超高分子量聚乙烯缆绳可承受约50吨的拉力。超高分子量聚乙烯纤维除了质量轻、强度高等特点外，还有着非常好的耐磨性以及抗弯曲、抗疲劳的能力，足以满足飞机减速伞的需求。

2. 飞机减速伞的发展历史

大家知道最先将降落伞用作飞机着陆减速装置的是哪个国家吗？要知道最早的减速伞可不是在飞机上试验的，而是在汽车上！1912年，俄国发明家柯捷里尼科夫在汽车上进行了第一次减速伞试验，当汽车车速达到40千米／时，他打开挂在车尾上的减速伞，汽车成功地平稳减速。第一次在飞机上使用减速伞的试验是在美国进行的。1923年，美国人在“德哈维兰”双翼机上使用了减速伞，并成功实现了着陆减速。

到了1937年，飞机减速伞的应用才得以真正实现（图5–15）。1937年苏联的“AHT–6”飞机上使用了自己研制的减速伞，在北极成功实现着陆减速。同年，苏联研制的带条伞在德国“W–容克”飞机上得到了应用。而我国的飞机减速伞研究起步较晚，直到1958年，我国才研制出用在“歼–5”“轰–5”等飞机上的减速伞。

图5–15 飞机应用减速伞示意图

3. 减速伞在战斗机上的应用

大家知道为什么战斗机上都有减速伞吗？首先要知道减速伞的用途和特点。当战斗机完成任务要返回着陆时，需要通过减速伞与刹车装置进行配合来缩短战斗机着陆时的滑行距离，毕竟战斗机的跑道是非常昂贵的。当 100 吨的轰炸机要着陆时，需要 4000 ~ 5000 米长的跑道，这样直接导致战斗机跑道的占地面积大、维护成本高，且战时保护困难。鉴于此，使用减速伞是缩短战斗机滑行距离的最好方法。

战斗机打开减速伞后，从战斗机的后面增大其迎风阻力，从而使得战斗机可以在较短的跑道上实现降落（图 5–16）。当战斗机减速离开跑道后，会把减速伞抛弃在跑道上，由保伞员负责回收。使用减速伞可以将着陆滑跑距离缩短约 40%。同时，由于战斗机着陆速度可达 250 ~ 350 千米 / 时，为了减少开伞载荷，战斗机多采用带条型或者环缝型纺织缝合技术制作的减速伞。

图 5–16　降落中的“歼 –20”战斗机

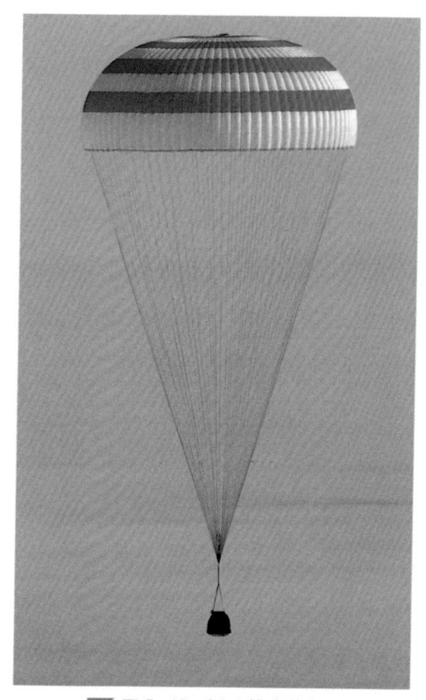

图 5-17 返回舱降落伞

（二）航天用降落伞

当加加林成为第一个进入太空的地球人时，人类面临着一个现实的问题，即如何从太空返回地球？其实在航天器从太空返回地球的过程中，有一个重要的装置为此保驾护航，这个装置就是回收降落伞的其中一种。（图 5-17）

为了探索太空的奥秘，人类向太空发射了许多航天器。在航天时代的早期，虽然人类已经发明了降落伞，但是降落伞还没有应用到航天器上，于是想要这些航天器能够重返地球，只能采取不可控的硬着陆方案。这种自杀式的着陆方案，在整个降落过程中都透露着悲壮感。

受到身体构造的限制，人类在较短的时间内最高只能承受 10 倍的重力加速度。而当航天飞船返回地球的时候，其最大速度能够达到 36 马赫，这相当于 36 倍的声速。返回过程中所受的加速度，最高甚至可以达到 34 倍的重力加速度，这么大的加速度是人类绝对无法承受的。此外，航天着陆器的质量越来越重，对减速的要求也越来越高。因此，研发一种能应用在航天器中的降落伞，成为各国科学家们苦苦思索的问题。

1. 回收伞要经历的考验

各种返回地球的着陆器所使用的降落伞要面临什么样的考验呢？作为普通降落伞的加强版，着陆器使用的航天降落伞除了要像普通降落伞那样能够保障着陆器稳妥地降低速度返回地面外，还需要解决一些特殊问题。如包装容积：返回舱上的空间寸土寸金，一丝一毫的空间都不能浪费，所以在保证降落伞强度的前提下，其体积越小越好。同样，当着陆器进入大气层时，会与大气不停地摩擦，这时候产生的巨大热量也是必须要解决的问题。综上，对于航天降落伞所使用的材料，更需要从强重比、耐热性、耐辐射性等方面进行充分考虑。特别是耐高温性能：返回舱从距海平面 126 千米左右的太空返回地平面时，在地球引力的作用下不断加速，当达到返回舱的开伞高度（距海平面 66 千米左右）的时候，其速度可以达到 1100 米／秒。所以，为了航天用降落伞能够在这么高的速度下成功打开并且不被烧毁，就必须提升伞衣的阻燃性，国际上常用金属纤维、陶瓷纤维等高熔点纤维制成的织物作为伞衣材料。（图 5–18）

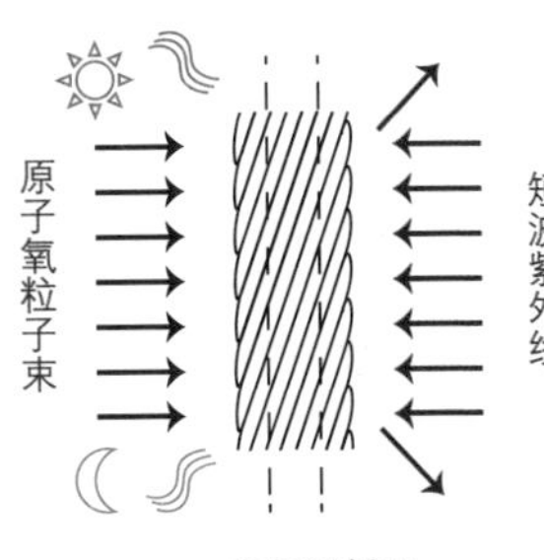

高低温循环

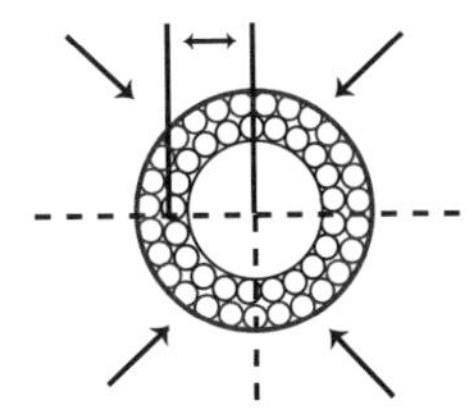

原子氧对纱线表面纤维的侵蚀作用

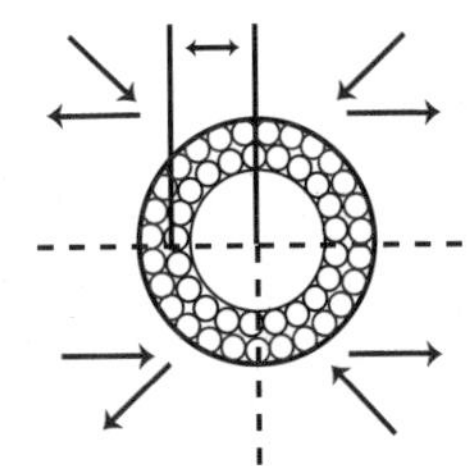

强紫外线在纱线表层纤维的反射

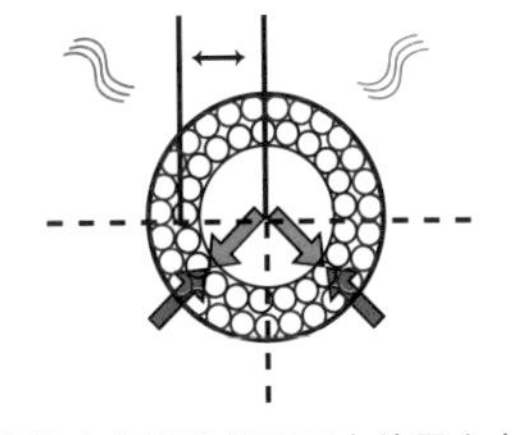

纱线在高低温循环下内外层应力差异

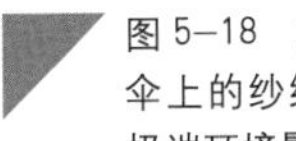

图 5–18　太空中降落伞上的纱线所受到的极端环境影响

2. 火星降落伞和回收伞的区别

2021 年 5 月 15 日 7 时 18 分，“天问一号”

巡视器于火星的乌托邦平原南部成功着陆，这标志着中国首次火星着陆的探测任务圆满完成。作为我国第一次向火星发射的着陆器，“天问一号”在闯过了最初的“进入段”后，接下来需要降落伞减速。这不同于降落到地球上的载人飞船所使用的回收伞，“天问一号”所面对的火星环境跟地球环境千差万别。地球由于大气层的存在，航天器在返回地球表面时，会与大气层产生剧烈摩擦，在摩擦的过程中除了产生大量的热量以外，返回舱也会进行减速，当降落

伞开伞的时候，返回舱的速度已降至亚声速。而火星大气稀薄，“天问一号”在火星着陆的过程中，其速度很难降到亚声速，所以“天问一号”使用的降落伞需要在超声速的速度下打开并鼓气。火星降落伞开伞时，其速度能达到接近 2 马赫，这个速度是声速的两倍，接近 680 米 / 秒。只有将“天问一号”火星探测器的速度降到 100 米 / 秒以下，其自身携带的变推力发动机才会按时点火，进行到“动力减速段”。当着陆器的速度降到 95 米 / 秒时，降落伞就完成了使命，将和着陆器的防护罩一起分离。

除了开伞速度的区别，火星着陆器使用的降落伞还要面临几项挑战：首先，火箭发射时，在变轨阶段，发动机会随机振动。其次，火星大气极为稀薄，密度只有地球的1%，所以真空环境是火星降落伞不得不面临的巨大挑战。在真空环境下，纤维中的一些聚合物成分会大量逸出，同时纺织材料的回潮率会受到极大的影响，这直接影响到纺织品的力学性能。此外，在着陆器减速的过程中，由于剧烈摩擦作用会产生大量的热，这对超声速降落伞的耐热性能提出了更高的要求。同时，太空环境中充满着高能带电粒子辐射（如宇宙射线），降落伞用的纺织品都有电离辐射总剂量限制，当这些高能粒子不断与降落伞材料进行高速碰撞，会使纤维材料表面被快速侵蚀，释放出一氧化碳或二氧化碳等小分子气体。不过地火转移轨道的电离辐射剂量，还不足以对大多数的纺织品产生破坏作用。最后，为了避免宇宙尘埃对降落伞的影响，降落伞需要一个密闭洁净的空间，以保持其清洁度。

3. 全新设计的“天问一号”火星探测器降落伞

为了成功完成“天问一号”在火星上软着陆的任务，我国的科学家对火星降落伞进行了全新的设计，研制出了锯齿形盘缝带伞。这种降落伞在以前的常规盘缝带伞的基础上进行了一定的改进，使降落伞的载荷分布更加合理。（图 5–19）

锯齿形盘缝带伞因其形状而得名，这种降落伞的伞衣形状是“盘”，在伞衣底边增加了一个圆环“带”，这就形成了基本的盘缝带伞。在盘缝带伞的底边增加了三角幅，就得到了锯齿形盘缝带伞。采用这样的设计主要有两个目的：一是提高稳定性能；二是提高局

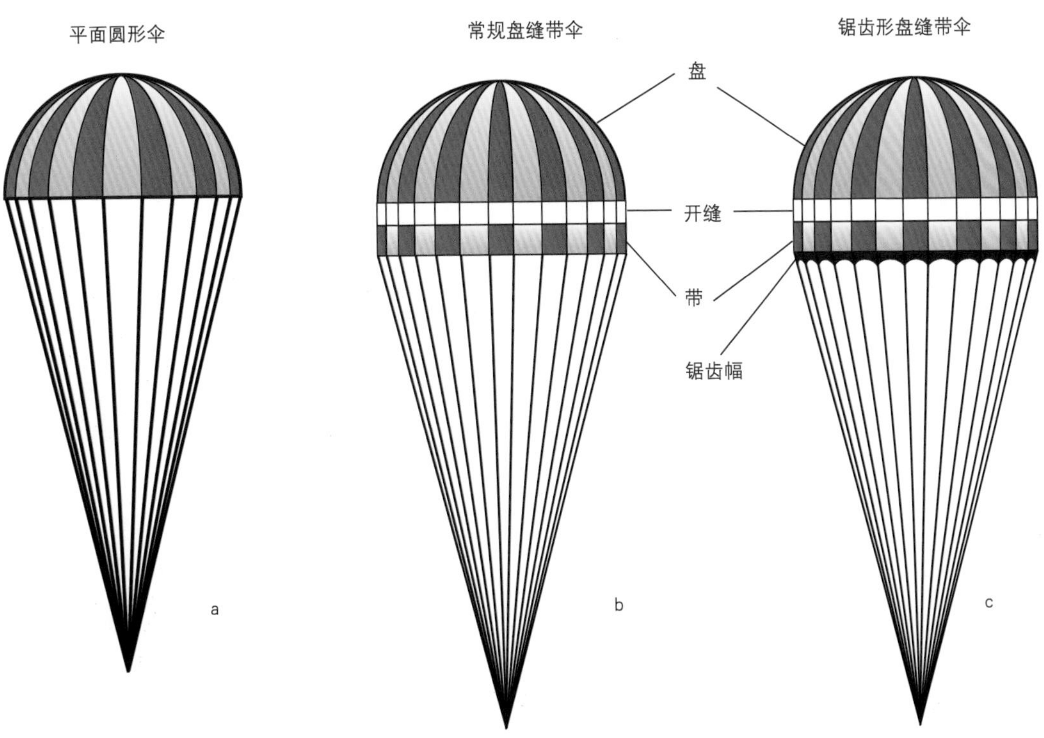

图 5–19 锯齿形盘缝带伞演变示意图

部结构承载能力。

火星探测器降落伞在材料选择上也进行了革新。在火星严酷的环境中，传统锦纶织物的强度难以达到使用要求，我国的科学家在设计降落伞时使用了芳纶纤维材料，以整体提升降落伞的品质，满足火星表面严酷的应用环境。

6 火箭及导弹用纺织材料

一 引言

火箭和导弹中也有纺织材料？这真是让人匪夷所思的事情，但事实的确如此。在火箭和导弹中都含有不同成分的纺织材料，它们有些以纤维状存在，有些以纤维集合体的方式存在，然后与其他高分子树脂材料复合，导致从外观上看不出纤维的形态。那么看似风马牛不相及的两个领域是如何发生联系的呢？这就要从火箭及导弹的使用要求，以及纺织纤维材料的性能特点两个方面来讲了。

火箭是一种借助推进剂燃烧而产生的反作用力来推动其快速向前飞行的长途运输工具。当然，其运输的货物比较特殊，主要为弹头、人造卫星、宇宙飞船等航空航天型号产品（图 6–1）。火箭既可以

图 6–1 “长征五号”运载火箭

在空气密度高的大气层中飞行，也可以在外太空飞行。当火箭在大气层中极速飞行时，会与大气产生剧烈的摩擦作用，并且由于外太空中稀薄的空气会受到太阳的直射，从而产生大量的热，导致火箭表面温度达到上千摄氏度，所以要求火箭要能耐受极端的高温。另外，随着发射的航空航天型号产品的升级，未来火箭越来越向着大型化、高运载能力的方向发展，这就要求其本身的质量要轻，才能为火箭的顺利发射提供保障。而纺织纤维材料恰好具备这样的优势！纺织纤维的质量轻，降低了火箭的总质量，提高了火箭的射程；纺织纤维的柔性好，可适应火箭的外形要求，自由成型；纺织纤维的比强度高，可作为火箭的增强骨架材料；且某些高性能纤维材料耐极端高温环境及抗原子氧等腐蚀，满足了火箭的热防护及耐腐蚀性要求。由此可见，火箭型号产品中出现纺织纤维材料的身影就显得不那么奇怪了。

导弹是一种携带着作战弹头，依靠自身的动力装置推动前进，超远程精准打击目标的战略性武器（图 6–2）。导弹发射最突出的特点是射程远、精度高、威力强。现代导弹对材料有哪些要求呢？随着导弹的飞行速度越来越快，首先要耐高温，导弹壳体要能够抵御与大气摩擦产生的极端高温。热防护材料非常重要，在导弹设计制造时，表层可采用石英纤维材料作为热防护层，也可以采用强度更高的碳纤维作为骨架材料，埋敷在壳体内部对导弹进行增强，只不过从外观上是看不到这些纤维材料的。

部分导弹是依靠火箭推动的，所以在有些人的脑海中就留下了“导弹和火箭是差不多的”的印象，其实这两者之间有着很大的区别。导弹是依靠火箭发动机或喷气发动机等动力装置推动前行的。弹道式导弹依靠火箭进行运送；而巡航导弹则由喷气发动机提供动力，这有点类似无人驾驶飞机。火箭则是依靠发动机喷射气体时产生的反作用力前进。火箭不仅可以运送导弹，也可以运送其他型号的航天飞行器。由于导弹和火箭一样都需要在大气层中远距离快速飞行，所以在导弹中使用纺织材料也就是顺理成章的事情。

图 6–2 “东风 – 5B”洲际导弹

二 火箭及导弹的历史与发展

（一）火箭的前世今生

提起火箭，可能大家并不陌生。火箭起源于中国，在公元3世纪时就出现了“火箭”一词。当时蜀国率兵攻打魏国，魏国士兵在射出去的箭上装上火把，焚毁了蜀军的攻城云梯，成功守住了阵地。当时火箭的箭头上绑缚的是易燃的油渍纺织品，点燃后用弓弩射至对方阵营，从而达到火袭的目的（图6–3）。这也是纺织材料在古代火箭中最早的应用。

古代火箭的结构主要包括箭杆、箭头、箭羽和火药筒共四个部分。其中，火药筒是古代火箭与普通箭矢最大的不同之处。在火药筒中装满火药，将引线点燃后，火药在有限的空间内剧烈燃烧，向外喷射出大量的气体，推动着箭矢向前快速飞行，从而有效地打击对手。制作火箭箭羽的材料主要为动物的羽毛，用于稳定箭矢平衡飞行，羽毛现

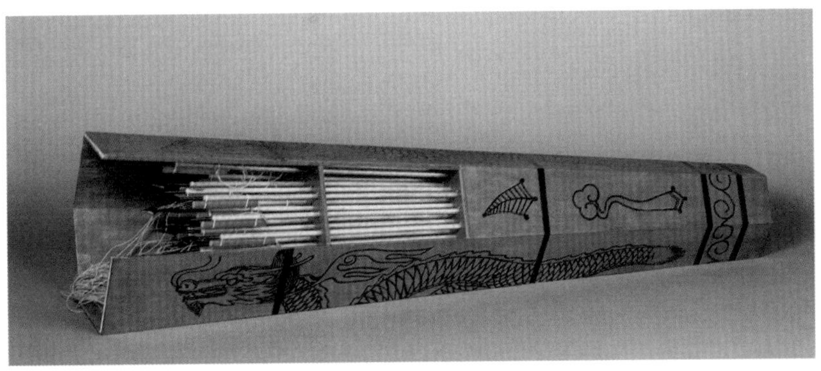

图6–3 中国古代的原始火箭

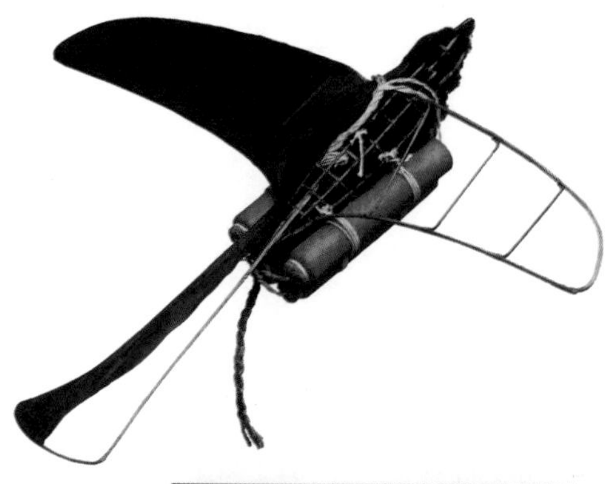

在则是一种常用的纺织原料，主要用于制造防寒保暖服装。

随着技术的进步，火箭逐渐演变成为一种进攻性的小型武器，在箭身上装上火药，利用火药点燃后产生的喷射作用，推动火箭前进。原理有点类似春节时燃放的“二踢脚”，不过威力却要大得多。尽管装载的火药量有限，以及发射装置的限制，古代火箭在古代冷兵器战争中却有着重要的战略意义。古代火箭既可以用于远程射击敌人，也可以用于火袭，如攻击对方的粮草、云梯、战舰等，对敌方造成严重的干扰。据史料记载，中国古代的火箭外形图（图 6–4），最早见于 17 世纪明朝天启元年由茅元仪编著的《武备志》中，它们可以看成是现代火箭的雏形，这对后世战争的局势产生了深远的影响。

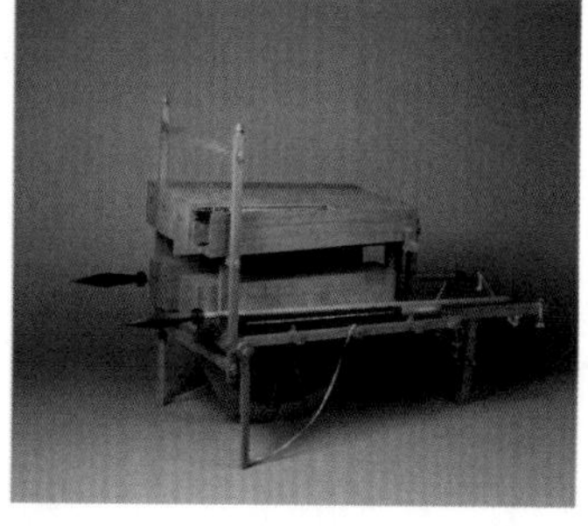

图 6–4　中国古代的火药推动式火箭

在多年的征战中，清朝统治者见识了火箭等火器的威力，因此对火器的发展给予了足够的重视。清朝时在京师设有火器营，后期更是设立了火箭营。

1805 年，英国人康格里夫研制出一种实用的火箭，其射程可达 1.8 千米。1844 年，英国人威廉对康格里夫火箭进行了改进，提高了发射精度。至第二次世界大战，火药火箭的发展已趋于完善。

其中比较有影响力的为苏联的喀秋莎火箭炮，它的出现促进了现代火箭的诞生。

1926 年 3 月 16 日，美国科学家罗伯特研制出了世界上第一枚液体燃料火箭，他当之无愧地被誉为“现代火箭之父”（图 6–5）。液体燃料火箭的出现，进一步推动了航天事业的发展，使利用火箭来进行航天运载成为可能，在航天史上是里程碑式的事件，这为人类探索太空架起了桥梁。

图 6–5　罗伯特和他研制的火箭

经过几十年的努力，我国运载火箭技术取得了令人瞩目的成绩。以长征系列火箭为代表，具体型号已有 10 多种，可承担我国各种航天发射任务。其中尤以“长征五号”（即“胖五”）火箭较为亮眼，已顺利承担“天问一号”“嫦娥五号”等型号航天器的重大发射任务。

（二）导弹的发展历程

现代火箭促进了现代导弹的发展。1942 年，世界上第一枚“V–2 型”弹道式导弹和“V–1 型”飞航式导弹相继在德国问世。第二次世界大战以后，各国都十分重视导弹的发展，掀起了一股导弹研发的热潮，其中尤以美国和苏联为代表。在美、苏两国开展军备竞赛的同时，西欧等国家也研制出不少型号的导弹。由于美国和苏联的导弹发展较早，其导弹研制的技术和水平长期保持着领先地位。

目前导弹已发展了四代：第一代导弹是“从零到有”，宣告导

弹已进入历史舞台；第二代导弹的发展提升了其综合性能；第三代导弹重点在于提高打击精度；第四代导弹则强调信息化。导弹的研制周期越来越短，已从之前的 8 ～ 10 年缩短至现在的 5 ～ 7 年。未来导弹的研制趋势将向着超高速度方向发展，超声速导弹、变轨导弹等种类的发展在未来将会得到增强。

尽管与美俄等发达国家相比，我国的导弹研制起步较晚，但依靠自己，我们走出了一条自立自强的发展道路。经过多年的努力，我国导弹事业逐渐成长壮大，从无到有、由弱变强，尤其是以“东风”“巨浪”“鹰击”“红旗”“霹雳”等系列导弹型号为代表的出现，起到了时刻捍卫国家和人民生命财产安全的作用。

导弹在现代战争中的作用和地位不言而喻，我国于 2015 年 12 月 31 日组建了一支新的军种——火箭军，这是中国大国地位的战略支撑，是维护国家安全的重要基石。我们是热爱和平的国家，但同时也看到，战争的阴霾仍然笼罩着世界的一些角落，小范围的局部战争时有爆发。我们发展导弹的目的不是为了扩张，而是为了捍卫国家的主权和领土的完整。作为国之重器，导弹已经改变了现代战争的作战模式，在战场上拥有着举足轻重的地位，甚至会影响战争的进程与格局，有军事专家称，“导弹世纪”现在已经来临。

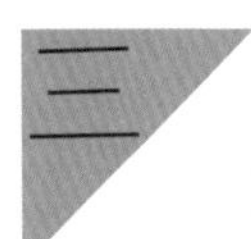

三 火箭、导弹中的纺织材料

（一）纺织材料在火箭、导弹热防护中的应用

火箭在长时间的飞行过程中，会经历非常严酷的高温环境，为确保其携带的仪表、电缆等装备能够正常开展工作，需要将火箭内部的温度控制在设定范围内。目前，仪表、电缆等装备的热防护原理主要是采用柔性材料在外面包覆进行隔热降温，这些柔性材料中有相当大的一部分为纺织材料制品，如耐高温绝热布、玻璃纤维布（玻纤布）和硅橡胶布等。实验证明，玻璃纤维具有良好的隔热效果，使用单层玻纤布可使内外温差达到约 47℃，且随着玻纤布层数的递增，热防护效果也有不同程度的提升。采用两层玻纤布、两层硅橡胶布、两层镀铝薄膜的结构组合，可使隔热系统的内外温差达到 232℃，其内部温度更是低至 192℃，可以满足电缆的设计需求。

在“长征四号”运载火箭底部的防热结构中，由于采用了手工刮涂硅橡胶的形式，导致生产质量不稳定。通过机械压延作用，使硅橡胶均匀涂覆在玻纤布的两面，可以提高火箭底部防热结构硅橡胶玻纤布的成型质量（图 6–6），使其各项性能指标都能满足设计要求。

图 6–6 硅橡胶玻纤布

液体火箭发动机的喷管延伸段是其重要零部件，在应用时可承受极端高温，直接关系到发动机的性能。由于碳纤维复合材料具有质量轻、耐热、高强度等诸多优点，使其成为液体火箭发动机的喷管延伸段乃至整个推力室的首选材料。那么，对于喷管延伸段中的碳纤维预制体的研制成为问题的关键。经过不断探索，已经成功研发出一维缠绕成型、三维编织成型、三维针刺成型等不同结构的碳纤维预制体成型技术。这些技术各有优缺点，需视产品型号及工艺装备要求进行选择。一维缠绕成型技术在树脂基复合材料制备中的应用十分普遍，但所得复合材料的层间结合力较弱，在发动机产生的强热作用下，复合材料易被分层破坏而失效。由三维编织成型技术制得的复合材料强度高、性能优，但限于机械设备，目前自动化机器只能制造出小尺寸的产品。法国的斯奈克玛公司研发了一种较为完善的三维针刺预制体成型技术，使纤维层间形成了网络状交联，既解决了一维缠绕成型材料中易出现的层间结构松散问题，又较三维编织成型技术工艺简单、成本降低。（图 6–7）

图 6–7　针刺示意图及针刺织物截面图

作为国之重器的导弹，碳纤维是其壳体的骨架材料，碳纤维的性能直接影响着导弹的作战性能。发射的导弹在大气层中高速运行时，其外壳与大气发生剧烈的摩擦作用，导致其外部温度甚至高达上万摄氏度，任何金属材料在这样高的温度下都会气化逸散，造成导弹发射失利。若在导弹外壳中使用了碳纤维，这就相当于给导弹穿了一层特殊的防护外衣，从而避免导弹受到高温损害。长期以来，碳纤维一直制约着国产导弹的发展，开发高纯度的适用于航天产业的黏胶基碳纤维具有重要的意义。在国内，由东华大学潘鼎教授领衔的碳纤维课题攻关组，以黏胶纤维素为原料，研制出了航天级的高纯度黏胶基碳纤维材料，成功助力国产导弹的发展。

（二）火箭、导弹中多变的纺织材料

美国 SpaceX 公司对外宣称将采用不锈钢而非常规的碳纤维材料来制造巨型火箭，据悉这可能是世界上首次采用不锈钢为主体材料来制造航天器产品。2019 年 1 月 10 日，马斯克在推特上发布了一张“星舰”火箭测试版的照片（图 6–8），他称之为“啤酒花”，其箭体及“超重型”助推器的碳纤维材料将被 300 系列

图 6–8　即将测试飞行的“星舰”不锈钢材料火箭

不锈钢所取代。不锈钢比碳纤维材料更轻更结实吗？带着这个疑问，让我们来看看《大众机械》主编瑞安·达戈斯蒂诺（以下简称达）对马斯克（以下简称马）的专访摘录。

达：您最近一直都在忙于新型星舰的设计吗？

马：是的。我对如何将星舰和“超重型”火箭助推器的材料改为特种不锈钢的问题考虑了很久。这种做法似乎有点与众不同，我花了很大力气来说服团队成员，他们现在都对此深信不疑。碳纤维成本为每千克 135 美元，并且在加工过程中差不多有 35% 的损耗，这样算下来在使用碳纤维的方案中，每千克大约需要 200 美元；而使用不锈钢的方案中，每千克只要大约 3 美元。在浸渍树脂以后，对它们的处理也是相当麻烦。

达：那么相比起来，使用不锈钢材料呢？

马：对于不锈钢材料而言，尽管它看起来似乎很重，然而事实上却是很轻的材料，并且很便宜，这有点出人意料。另外，还有一点经常被忽略掉，那就是不锈钢材料在低温下的强度，甚至会比常温下提高 50% 左右。

达：那么需要什么类型的钢材呢？

马：我们会选用高品质的 301 不锈钢。

从以上摘录的对话中我们可以看出来，马斯克研发不锈钢材料火箭是有一定的理论与实践基础的。总之一句话，美国 SpaceX 公司使用不锈钢材料制造巨型火箭是物美价廉的。

国内的导弹发动机在未来将普遍采用纤维增强壳体来取代钢壳体。玻璃纤维增强壳体在一些对于性能要求不高的发动机型号产品中具有独特优势。国外弹道导弹发动机的壳体材料大致分为四个发展阶段，即钢壳体、玻璃纤维增强壳体、有机纤维增强壳体（如芳纶纤维）和碳纤维增强壳体。材料的发展为发动机性能的提升拓展了空间，相较于早期普遍采用的钢壳体，现在的碳纤维复合材料壳体使发动机性能提升了 6% 左右。有限元技术被应用到导弹的设计及优化计算中。优化后的壳体质量减轻了 12% 左右，强度符合设计要求，这为纤维增强发动机壳体的结构设计提供了理论指导。

在固体火箭发动机的壳体中，使用的主要为玻璃纤维、芳纶纤维和碳纤维等纺织纤维与树脂（或其他材料）复合而成的复合材料。1990 年，首次通过我国飞行考核的 SPTM−14 发动机壳体即是采用由玻璃纤维复合成的复合材料（图 6−9）。随着科技的发展，对火箭发动机的性能要求也越来越高，普通的玻璃纤维复合材料已难以满足壳体刚度的需求。芳纶纤维具有高强度、高模量、耐高温的特点，是比较理想的发动机壳体增强材料。美国曾在 20 世纪 70 年代

图 6−9　复合材料制造的火箭发动机

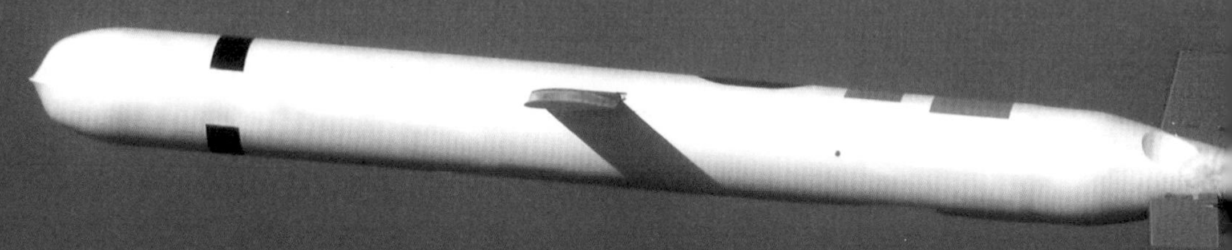

图 6-10　采用了石英纤维增强磷酸盐材料的导弹

就已将芳纶纤维复合材料用于制造“三叉戟”导弹发动机的壳体。T800、T1000 等型号的高强碳纤维是制造固体火箭发动机的主要材料，其中，T1000 等高级别碳纤维材料更是制造性能优异的固体火箭发动机的关键。

由复合材料制成的轻质壳体结构被广泛应用于如火箭适配器、导弹整流罩等航空航天领域。其主要包含网格壳体结构、加筋壳体结构和夹芯壳体结构等。网格壳体结构是性能效率极高的轻质结构形式，主要通过纤维缠绕的方式制备，可在航空航天领域的关键部件中使用。加筋壳体结构提高了壳体的抗弯能力，在火箭上得到了大量的应用。夹芯壳体结构是近年来出现的新型结构形式，具有优异的力学性能，受到了业内人士的广泛关注。

石英纤维是一种高性能的无机纤维材料，耐高温性强、导热率低、化学稳定性好，可用于制备多种复合材料，在导弹中大量使用。因石英纤维的介电常数较小，所以常用作透波材料。另外，石英纤维增强磷酸盐材料被广泛应用于多种导弹型号产品上。（图 6-10）

四 不同型号火箭、导弹产品中的纺织材料

纺织材料在航天产品中的重要作用是显而易见的，航天史上就曾出现过因为材料出现裂缝而导致人员伤亡的重大航天事故，如著名的美国“挑战者号”事件。火箭和导弹中大量使用的纺织材料，充分利用了其高强度、高模量、质量轻、耐高温、抗腐蚀等性能特点，尤其是碳纤维、凯夫拉纤维、石英纤维、玻璃纤维等，为火箭和导弹的发展做出了卓越的贡献。目前，我国与其他发达国家的火箭及导弹研发技术的差距越来越小，有些技术甚至赶超国外，其中纺织材料科技发展迅猛，纺织加工及编织、缝纫技术处于世界领先地位。在不同型号的火箭、导弹产品中，这些纺织材料及纺织技术都有着不俗的表现。

（一）“长征”系列运载火箭中的纺织材料

“长征”系列运载火箭是由中国自主研发的航天运载工具，共有 4 代 19 种型号，他们推动了我国卫星及载人航天技术的蓬勃发展，有力地支撑了多项国家重大工程项目的成功实施，为我国航空航天事业的发展做出了重要的贡献，其中就闪耀着纺织材料的功劳。

关注过中国空间站“天和”核心舱发射的细心观众可能注意到：“长征五号”火箭在发射飞行途中，摄像机镜头拍摄到在助推器底部有两条黑色的带子一直在飞舞，这究竟是什么东西呢?

将镜头回放至火箭刚升空时，发现“胖五”并没有“黑飘带”。那么这两道黑烟难道是发动机喷出来的？尽管在发动机点火燃烧时，由于燃料的不完全燃烧，可能会出现一些黑烟，但它们不会停留在

火箭底部。因此，可以排除发动机的问题。“长征五号”火箭在发射时产生的高温会破坏火箭的壳体，于是特别为之设计了耐高温的碳纤维复合材料层，当处于高温环境时，复合材料中浸渍的树脂会受热分解逸散，从而只留下黑色的碳纤维骨架，也就是我们看到的黑色飘带，所以这并不是发射故障，而是别具匠心的刻意为之！

（二）“东风”系列导弹中的纺织材料

“东风”系列导弹是我国研发出来的一系列近、中、远程和洲际弹道导弹，网友亲切地称呼“东风”导弹为“东风快递”。“东风快递，使命必达”，速度更是快得可怕，20 分钟即可抵达全球任何地方，但没有哪个“客户”愿意签收。

“东风 -41”弹道导弹是中国自主研发的第四代战略导弹，也是最新一代导弹。碳纤维被誉为工业界的“黑色黄金”，若是没有它，中国的“东风”导弹和火箭卫星很难上天。由于其军事特殊性，西方国家一直对我们进行技术封锁。既然西方国家不卖给我们，那我

图 6-11 “东风 -41”洲际弹道导弹

们就自己造。经过多年的努力，中国成为继美国、日本以后世界上第三个掌握制造航天级高强度碳纤维的国家。随后，我国又对日本一直限制出口的T700和T800工业碳纤维进行了技术攻关。目前，中国国产的碳纤维材料已经广泛应用到我军的多种型号产品上。据报道，我军最新一代洲际弹道导弹“东风-41”的外壳就是采用国产碳纤维材料制造而成的。（图6-11）

（三）“巨浪”系列导弹中的纺织材料

“钟山如龙独西上，欲破巨浪乘长风。”（明代高启《登金陵雨花台望大江》）“巨浪”作为潜射导弹系列型号，在超级武器工程项目中拥有着赫赫威名。

自中国成功研制出高性能碳纤维以来，已连续突破了“巨浪-3”“东风-41”等型号的研制瓶颈，从根本上解决了我国军用碳纤维材料短缺和“卡脖子”的技术难题。目前，我们的工作重心主要集中在稳定产品质量和完善生产工艺方面，未来将重点研发T1200和M70J等更高性能的碳纤维产品。

航天攻关任重道远，我们还需要继续努力！

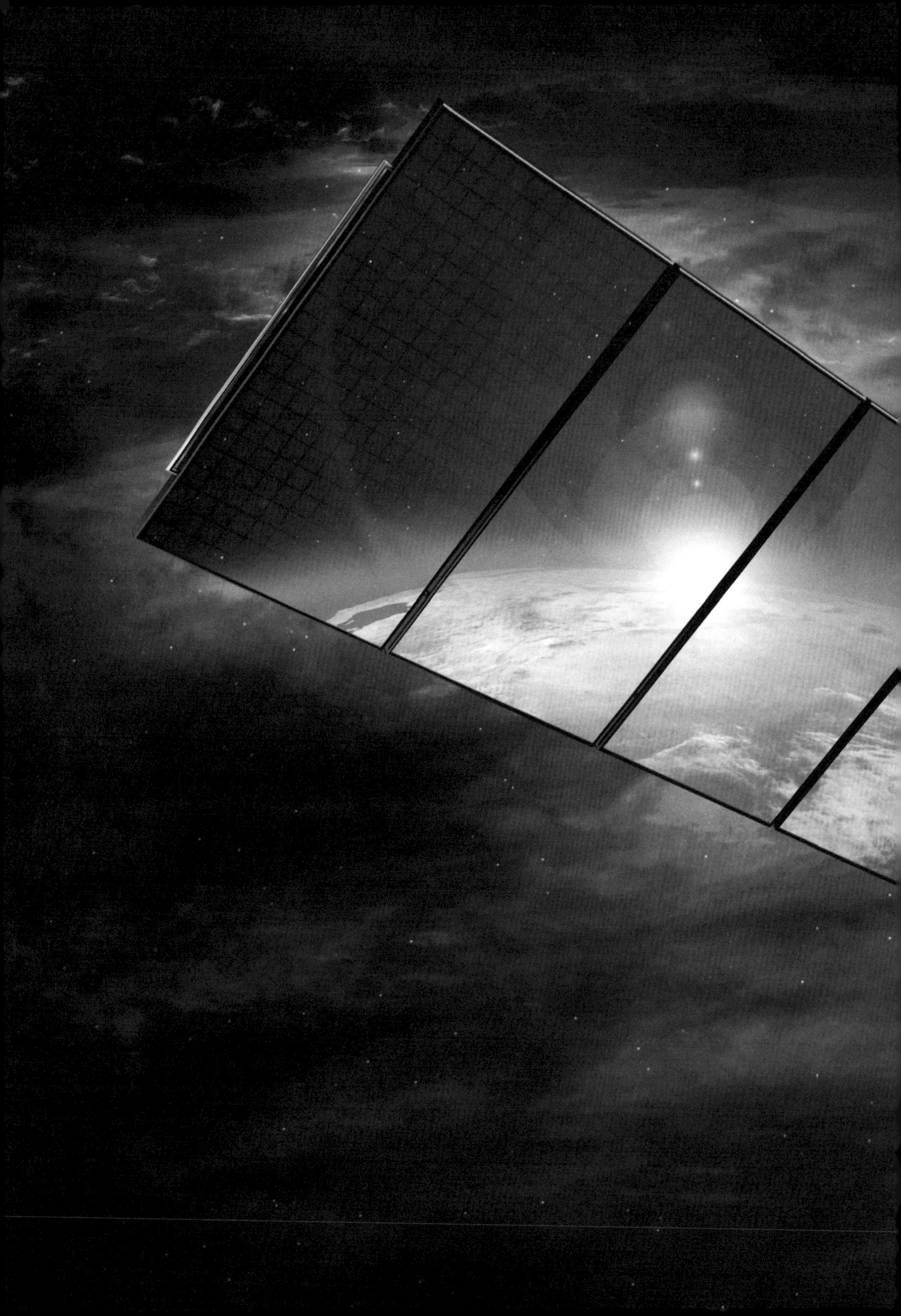

7 航空航天纺织结构材料

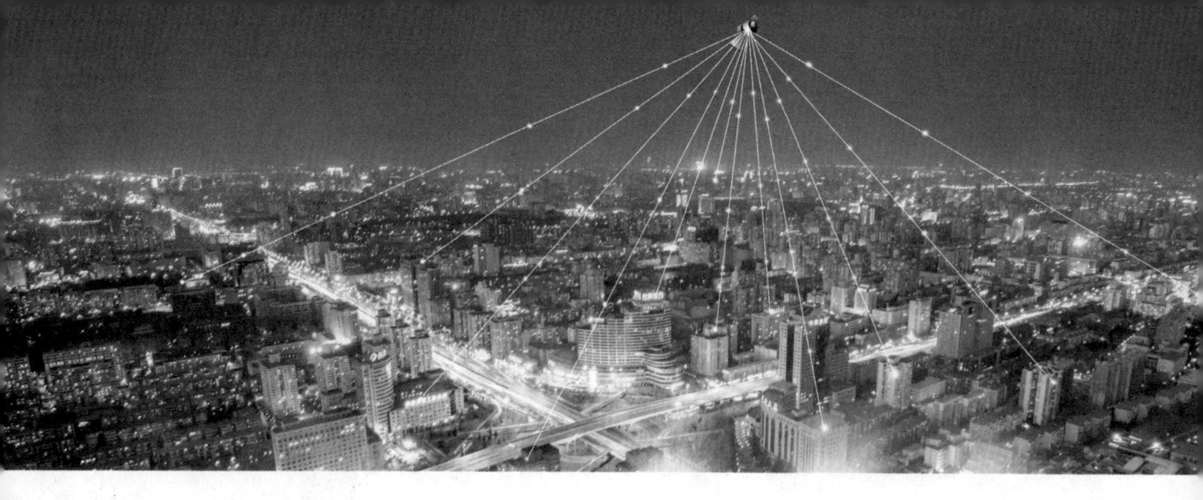

一 引言

航空航天结构材料是什么材料？航空航天领域中哪些结构会用到纺织结构材料？这些结构材料为什么要用纺织结构材料？它又是怎么做出来的？看到这个主题，大家可能会有一连串的疑问。确实，航空航天结构材料没有像航天服、降落伞一样备受关注，更没有像儿时就知道的飞机、火箭一样被大家所熟知。然而，其重要性在现代航空航天业中绝不亚于它们。某种程度上说，航空航天结构材料的意义甚至远超航天服、降落伞、飞机、火箭等。好了，现在让我们一起去探索航空航天纺织结构材料的未知世界吧！

航空航天结构材料主要是用于制造航空器和航天器的各种结构部件，主要分为两大类型：第一类是航空领域的航空器结构材料，如主次承力结构、发动机喷管和高温热交换材料，以及军用武器导弹结构材料中的导弹整流罩、导弹喷管等；第二类是航天领域的航天器结构材料，如天线结构材料、隔热结构材料和壳体材料，以及可伸展结构件中卫星的太阳能电池板和星载可展开天线等。这些结构材料主要是现代人类在不断探索、不断了解外太空过程中的产物，没有这些结构材料就不可能顺利实现人类追天逐梦的伟大设想，其代表了人类在探索未知世界艰辛历程中的一次次进步和跨越。

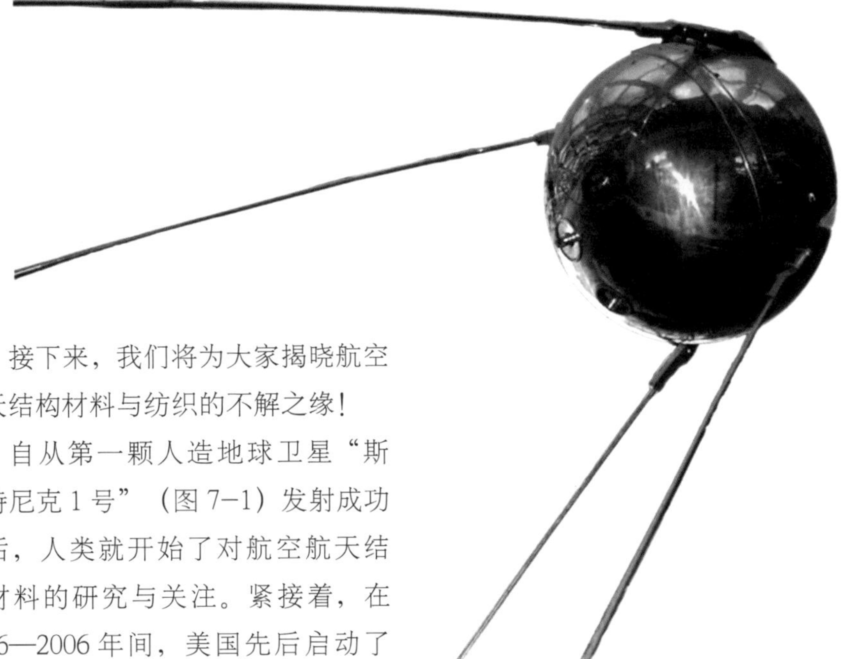

图 7–1 “斯普特尼克 1 号”人造地球卫星

接下来，我们将为大家揭晓航空航天结构材料与纺织的不解之缘！

自从第一颗人造地球卫星“斯普特尼克 1 号”（图 7–1）发射成功以后，人类就开始了对航空航天结构材料的研究与关注。紧接着，在 1976—2006 年间，美国先后启动了 ACEE、ACT、AST 和 CAI 计划。在 20 世纪 70—80 年代的 ACEE 计划中，NASA 先后成功研制出了飞机中的主要结构部件，这些纺织复合结构材料件的研制为航空航天业的发展奠定了坚实的基础。之后，美国于 20 世纪 80 年代开始实施 ACT 计划，其主要是对飞机的主承力结构材料进行深入研究，针对其中的一些关键部件采用了编织、缝合等纺织技术手段，实现了力学与结构学的完美契合。自此以后，研究者们发现了纺织的优势与魅力所在，使得纺织技术在航空航天领域的应用越来越多，也越来越广。20 世纪 90 年代 AST 计划正式开始启动，本计划采用纺织中的缝纫缝合技术制造出了飞机机翼复合材料，纺织技术在航空航天中的应用为新材料、新结构设计和制造技术实现工程化提供了有效的方法。随后，美国于 20 世纪末至 21 世纪初开展的 CAI 计划，进一步开发了三维立体编织技术，其中部分成果应用于“波音 787”飞机的结构材料中。（图 7–2）

然而航空航天结构材料的发展过程并不都是一帆风顺的，其间也发生过严重的航空航天事故，有些事故就与结构材料有关。如 1986 年，美国的“挑战者号”航天飞机在飞行过程中发生爆炸（图 7–3），其主要原因是固体发动机连接处的密封材料失效，在此次事件中，7 名机组人员全部遇难。据统计，在 1954—1995 年间，由于结构问题导致的飞机事故总共有 67 起，而其中大部分的事故都与结构材料的性能有关，由此可以看出结构材料在航空航天中的重要性。此类事故的发生也引起了世界各国航空航天机构的极大重视，尤其

图 7–2 “波音 787”飞机

是在近几年，航空航天事业的发展越来越迅猛，对结构材料的性能要求越来越高。寻找一种既能满足结构材料性能，也能从形状上与飞行器完美契合，又能在经济上节约成本的材料是当务之急。世界各大航空航天机构为此专门设立了研究中心，重点开展对航空航天结构材料的研发。例如，美国的兰利研究中心和我国的一些研究所都在对新型的航空航天材料及其结构进行研究。人们逐渐发现纺织结构材料是最佳的选择，高性能的纺织纤维可以满足结构材料性能上的要求，各种纺织织造技术可以满足航空航天业对于结构材料形状和结构的要求。同时，纺织结构材料相较于其他材料来说更为轻质，可节省大量成本。因此，航空航天结构材料便与纺织产生了不解之缘。

图 7-3 美国"挑战者号"航天飞机在飞行过程中发生爆炸

二 纺织结构材料是航空航天结构材料的必然选择

虽然飞机是20世纪最伟大的三大发明之一，但很少有人会关注飞机主要是由什么材料制作的。其材料主要包含金属、木材和少量的纺织纤维。人们在追求飞机飞行速度的同时也发现，木材无法承受飞行过程中由于摩擦而产生的高温。后来航空航天的关键部件和结构常用以下几种材料，但是也存在一定的问题，如：①钢、钛材料导热性差、质量大；②铝合金，刚性差、不耐磨；③聚合物复合材料，高分子材料的耐辐射及抗老化性能较差。人们逐渐发现常规的金属材料和聚合物复合材料等无法满足航空航天中所需要的性能。随着对材料性能要求的提高，材料的成本也越来越高，研究者们发现减轻材料的质量是一个经济化的问题。经过多方面的对比，碳纤维复合材料是目前应用较多的结构材料，常用于人造卫星、太阳能电池板，以及一些航空航天的关键结构部件中。碳纤维复合材料属于高性能纺织纤维复合材料中比较有代表性的材料，其大量使用的重要原因是这些纤维基复合材料可以解决上述提到的诸多材料性能和成本问题。高性能纺织纤维复合材料也是未来航空航天结构材料的重要发展趋势。

从使用性能方面来讲，航空航天中所用的纺织结构材料，如碳纤维、玻璃纤维和芳纶等，其强度、模量等性能皆优于高强钢和铝合金材料。目前常采用的高性能纺织纤维复合材料主要是将连续的纤维集合体与增强的树脂相结合，相互取长补短，发挥协同作用，产生原本单独材料（纤维或树脂）所不具备的性能，从而使得结合后的纺织纤维复合材料具有高性能纤维的强度、材料可设计性等特点，同时也具备树脂的耐腐蚀和高模量等特点。人们就是利用此类特点，使复合材料可以充分发挥其独特的性能，这是金属等传统材料远远不及的。

从成本方面考虑，根据权威资料统计，航天运载器一旦起飞，质量每增加 1 千克，产生的费用最高增加约 3 万美元，有的导弹发射产生的费用还会更高，所以将密度低的纺织结构材料用于航空航天领域是最佳的选择。

航空航天纺织结构材料的主要原材料是一些高性能纤维材料尤其是碳纤维材料。2020 年，全球树脂基碳纤维复合材料占全球复合材料市场基体材料的 80.9%，且其中 50% 的销售收入（75.9 亿美元）来自航空航天领域，全球碳纤维材料的需求量逐年递增，预计到 2030 年将达到 40 万吨。所以，纺织结构材料的应用将是航空航天领域的必然选择。

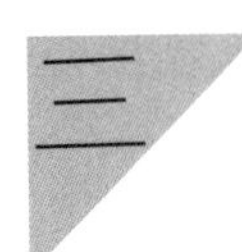

三 纺织结构材料的“72 变”

目前很多航空航天结构材料是由纺织结构材料组成的，但是要如何加工才能达到航空航天材料的要求呢？一般纺织结构材料分为二维（平面）和三维（立体）两种。

（一）二维纺织结构材料

二维纺织纤维复合材料通常是由二维高性能纤维材料与基体材料复合而成。高性能纤维材料与基体材料可各取所长，互相发挥优势。高性能纤维材料对基体材料具有增强作用；基体可以使得零散的高性能纤维黏合在一起形成一个强有力的整体，同时也使得高性能纤维免受机械损伤或化学损伤。用生活中较常见的复合材料钢筋混凝土来类比，钢筋相当于高性能纤维材料，而混凝土就相当于基体。然而，由于不同的纤维材料具有不同的性能，所以即使是相同纤维成分的复合材料，由于纤维在基体中排列方式的不同，也会表现出性能上的千差万别，故而说纺织结构材料具有“72 般变化”。

（二）三维纺织结构材料

三维结构材料是在三维空间中进行相互纵横交织形成的整体网络结构。类似建筑物里的钢筋框架结构，首先从结构上进行了强化，然后再通过基体材料进一步增强材料整体性能。试验证明，经过三维织物增强后的复合材料抗冲击性能是二维复合材料的 10 倍左右，且其保形性好。三维纺织成形的制备技术有很多种，比如：三维针刺、三维编织、三维针织、三维缝合和三维机织技术等，可谓是“条

条大路通罗马”，但是不同技术各有各的特点和应用场合。（图 7–4）

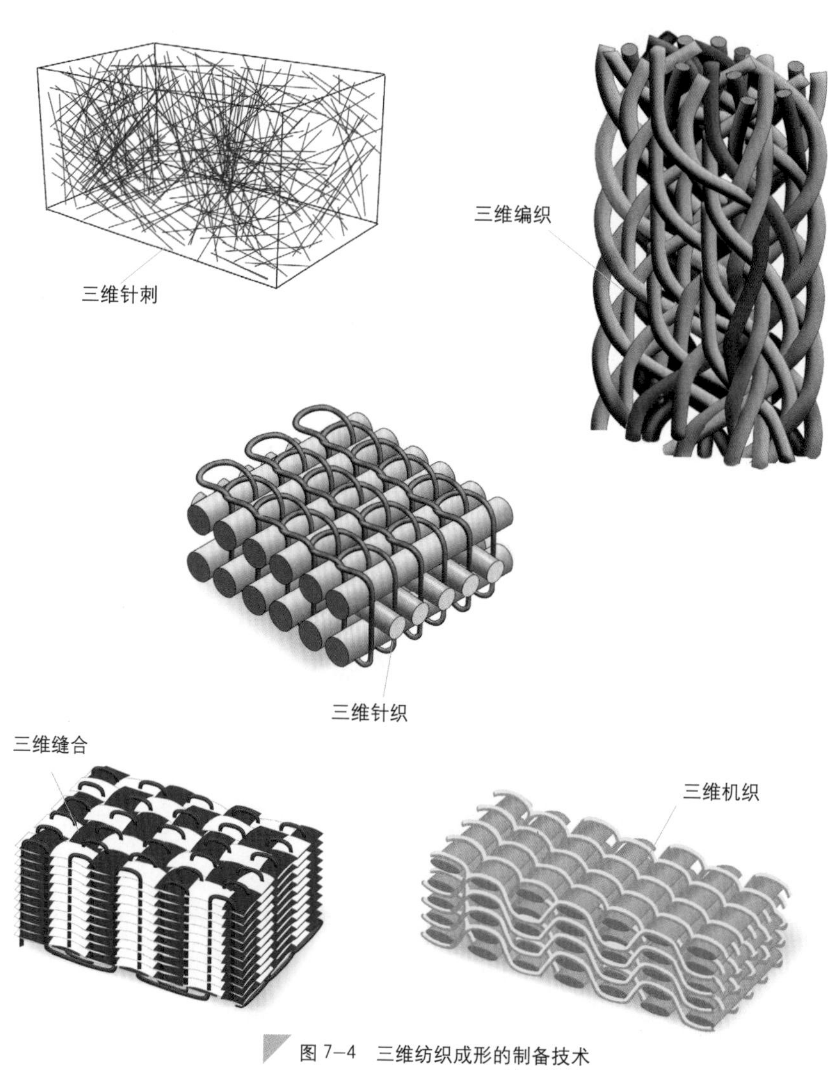

图 7–4 三维纺织成形的制备技术

1. 三维编织技术

三维编织技术，即立体编织技术，是通过纱线空间位置的不断变换而交织成型的整体结构织物技术，类似将多缕头发编成辫子。按照编织织物中内在空间分布的纱线种类不同，而将其称为三维某向编织织物，分别为三维四向、三维五向和三维六向编织结构。按照编织方式来分，通常有两步编织法、四步编织法和多层联锁编织法。通常采用三维四向编织法制备发动机喷管；采用三维五向编织法制备碳纤维罩体织物；采用三维六向编织法制备多通连接件，用于连接超轻质复合材料。三维编织结构由于其纤维之间相互交织，故其最大的优势在于能够解决常规结构材料在厚度方向上的增强问题和分层问题，所以三维编织结构具有很强的抗撕裂性能，整体性好。通常飞机的关键部件、发动机支架、卫星的柔性太阳能电池板、天线罩和雷达罩等结构材料首选采用三维编织结构。（图 7–5）

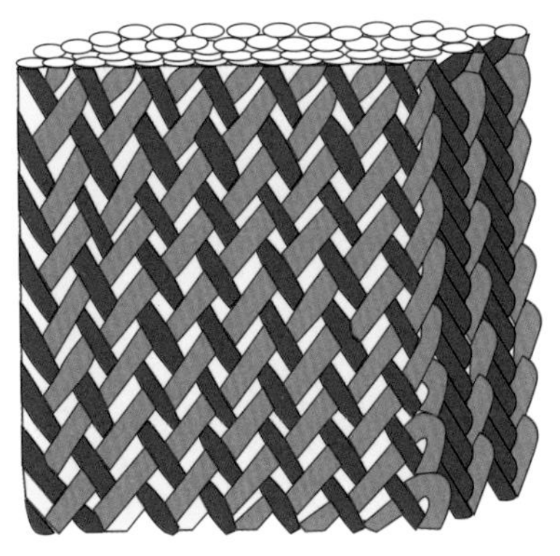

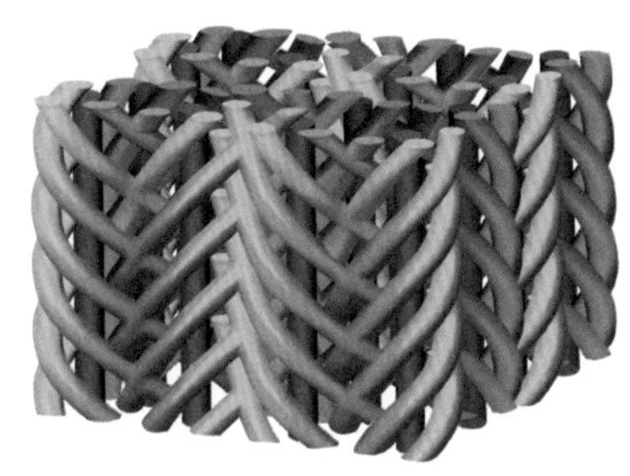

图 7–5 三维编织结构

2. 三维机织技术

三维机织技术是将多层经纱和纬纱经联结织造形成三维立体机织物的技术。其中，最常见的是分层联结，也称之为层层角联锁结构。三维机织物中的经向和纬向纱线都呈 90° 结构，如果想要织造一定厚度且幅度较宽的三维织物，最佳的选择就是采用三维机织技术。三维机织技术最大的优势是仿形能力强，能够一次织成各种异型形状，也可以织成间隔型或空心结构的三维织物，导弹的外壳、天线罩、整流罩和雷达罩等都可以采用三维机织技术制备。（图 7–6）

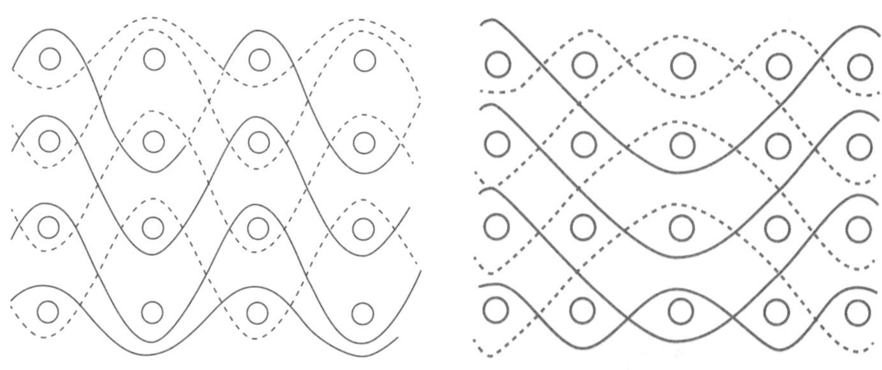

图 7–6　三维机织技术

3. 针织经编 3D 成形技术

目前三维针织立体织物中用得比较多的是多轴向经编结构，其制备过程是：①首先将纱线按照经纬向或斜向平铺好；②接着将铺好的纤维层经过缝针（类似我们平常缝衣服用的针）穿透织物，钩取纱线形成一定的组织结构；③将多层纱线在垂直的厚度方向上相互连接起来从而形成三维立体织物。采用多轴向经编方法制备的三维立体针织物，其主要特点是纤维强度利用率较高，织物的成形性能较好。针织经编 3D 间隔结构织物是一种在双针床经编机上实现的典型三维经编成形结构织物（图 7–7），由两层面纱和间隔纱组成，具有良好的空间可塑性，可用来制备卫星天线等。

图 7–7　针织经编 3D 间隔结构织物和双针床经编机

4. 三维非织造立体结构

非织造材料顾名思义就是不需要经过纺纱和织布而制成的材料，而它是最早的面料制备方式。古代游牧民族在长时间的生活中利用动物的毛发如羊毛、骆驼毛等，然后加水、乳精等通过脚踩、棒打等机械作用，使动物纤维之间相互缠结，从而来制作成毛毡，晒干以后作为御寒保暖的衣服，这就是初期的非织造面料的制备方法。现如今我们常见的湿纸巾、面膜等也都属于非织造织物。现阶段非织造织物的制备过程主要包括以下几个步骤：①将纤维经过开松梳理成纤维网；②借助机械力（带有钩刺的钩针进行针刺或高压水进行水刺）或化学黏合力使纤维网之间固定制成非织造织物。与传统的机织、针织等纺织加工技术相比，非织造方法的优势在于包容性强，可添加一些高性能纤维材料，从而实现材料的独特功能。可以将散纤维直接制成无纺布，对纤维的质量要求不高，且生产成本低，效率高。非织造材料具有质量轻、多孔、疏松等优点，被广泛用于航空航天等特殊复合材料结构件中。通过非织造方法将玻璃纤维制备成的玻璃纤维毡，可用作导弹的防护材料。（图 7–8）

图 7–8　叠层针刺三维复合材料

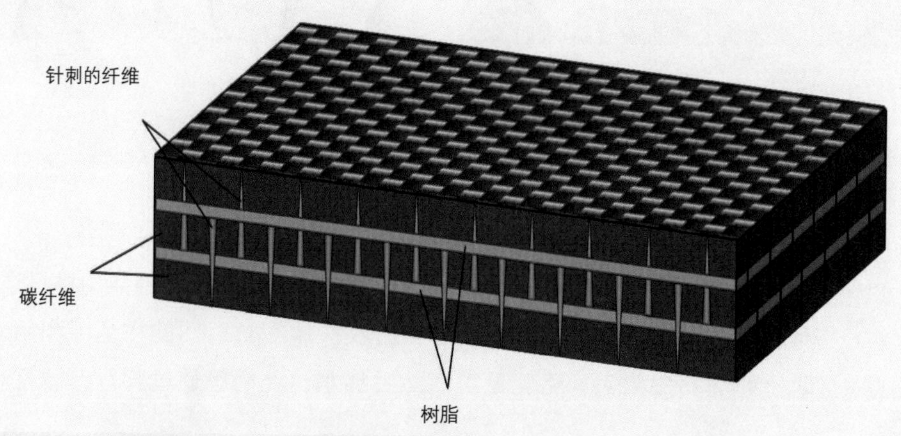

四 航空航天纺织结构材料的应用

随着人类对外太空世界的逐步探索，对航空航天结构材料的需求和质量要求的不断提高，各种性能优异的纺织结构材料逐渐出现在航空航天领域，为航空航天科技的发展做出了重大的贡献。航空航天结构材料主要应用于制造卫星天线、太阳能电池板、整流罩、雷达罩、天线罩、发动机等的结构件（表 7–1）。接下来我们将详细地介绍纺织结构材料的主要应用。

表 7–1 航空航天用结构材料简介

结构名称	特性	材料	最佳制造方式
航空航天卫星天线	轻、柔性、强度高、可折叠	金属丝、芳纶	针织经编
太阳能电池板	轻盈、坚韧、抗氧化和腐蚀	碳/环氧树脂复合材料、玻璃纤维	针织经编
整流罩、雷达罩和天线罩	透波、耐紫外线和高温、电气绝缘	碳纤维、玻璃纤维、石英纤维	三维机织
航空航天发动机	隔热、阻燃	碳/碳复合材料、玻璃纤维	三维立体编织

（一）航空航天卫星天线

你知道世界上第一颗人造卫星是如何来的吗？1945 年的第二次世界大战中，苏联军队攻占了德国的秘密火箭基地并带走了德国的 130 多位专家和技术人员，这为 1957 年 10 月苏联的第一颗人造地球卫星“斯普特尼克 1 号 (Sputnik)”升空打下了扎实的基础。“Sputnik”出自俄语，意思是“全球旅行伴侣”，其外形是一个金属小球，质量为 83 千克。苏联人造地球卫星的发射标志着人类探索太空时代的开始，自此以后，我国意识到人造地球卫星的重要性，迅速开展卫星研制工作。历过数年的奋力拼搏，终于在1970年4月24日，成功发射了我国第一颗人造地球卫星——“东方红一号”（图7–9）。它的成功发射是我国继原子弹、氢弹试验成功之后，在科学技术领域的又一次重大突破，也标志着我国航天科技进入到世界领先行列。至此，我国在国际空间开发和深空探测领域占有一席之地，且具有一定的发言权。目前，我国某互联网公司计划在2026年前后构建全球最大的卫星群组，发射272颗卫星，为全球搭建免费的Wi–Fi网络系统。

卫星天线的外形酷似我们经常看到的“大锅”。航天通信卫星天线的作用，是在太空中将输出信号转换为电磁波或者将接收到的电磁波转换为接收信号，从而达到发射或接收信号的目的。也是通过卫星天线，我们才能与我们发射出去的飞船、建造的空间站获得联系。

图7–9 “东方红一号”卫星

卫星天线的口径越大，收集到的信号将会越清晰，质量越高。但是口径越大意味着体积越大，如果采用以前的铝合金等传统金属材料作为天线材料，它们重且硬，从质量和成本上就不符合要求。同时，在太空中还需要天线具有一定的柔性特征，使其具有可展开、可收纳的特性。人们发现可以采用金属纤维作为天线的材料，通过纺织经编技术手段，使用针织经编 3D 成形技术，将金属丝制作成像蜘蛛网一样的金属网。使用此方法制备的网眼结构，不仅可以极大地降低天线的质量，还可以通过调整经编网眼结构的形状、大小和孔隙率等参数，使卫星天线能够同时满足一定的力学性能要求和具备信号传输功能。

北斗导航卫星就是最典型的例子。其通过具有强度高、热膨胀系数较低、不易发生断裂、反射率高等特性的镀金钼丝实现材料的反射电磁波特性，然后利用金属丝合股及针织经编技术，从而实现

图 7–10　北斗卫星导航系统

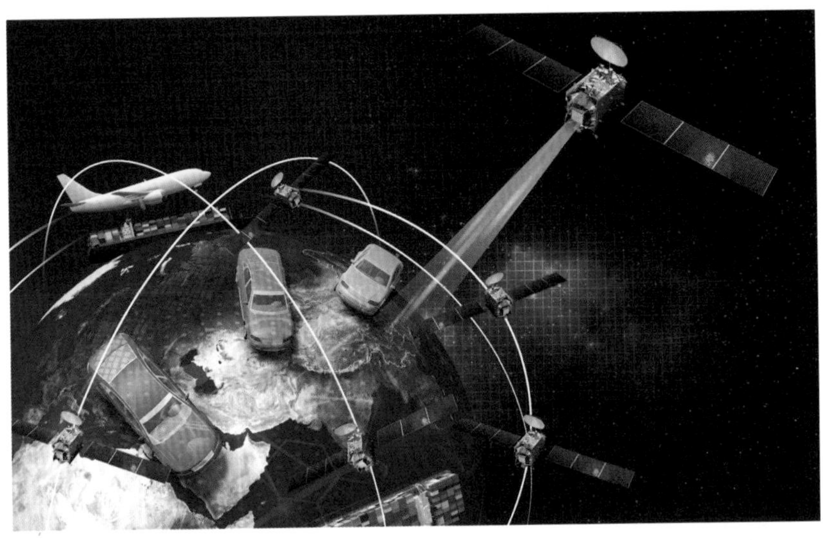

卫星天线金属网的“刚柔并济”，也使整个卫星天线金属网的质量较之前减轻了90%，且可收纳、携带方便。（图7-10）

（二）太阳能电池板

卫星和飞船上的电子仪器和设备，需要消耗大量的电能，那么这些电能来源于哪儿呢？使用太阳能电池板就能解决这一问题。其工作原理是将太阳能转化为电能。但是卫星和飞船上的太阳能电池板具有一定的要求：①质量轻，使用寿命长，可连续不断地工作；②能承受各种物理机械作用。若在太阳能电池板中采用高性能立体织物进行保护，那么既能满足轻质的特点，又能起到良好的保护作用。

我国的“天宫一号”“天宫二号”空间实验室和“天舟一号”飞船均采用了高强玻璃纤维材料制备太阳能电池板。美国“洞察号”火星着陆器上的太阳能电池板使用的是高强聚芳酯纤维织物，在极冷的环境下仍然可以保持较好的柔韧性和强度。（图7-11，图7-12）

世界上第一架完全利用太阳能作为动力的飞机“太阳挑战者号”1981年成功试飞。在这架飞机上，安装了16000多个太阳能电池，其产生的最大功率为2.67千瓦，从而使飞机顺利飞行。目前，世界上太空太阳能电池板做得最好的是波音公司，其生产的最新型XTJ Prime太阳能电池板阵列尺寸为19米乘6米，太阳能电池每天产生的电能可以满足40多个美国普通家庭每天的基本用电需求，其耗资达到1.2亿美元。新款的太阳能电池板可以为国际空间站持续供电，以维持其系统和设备的正常运行，并可为常规的实验研究提供一定的能源。

据报道，未来我国将在太空中建造太阳能发电站。你觉得这仅仅只是在科幻片中才能看到的场景吗？其实，太空发电站已经距离

图 7–11 “洞察号”火星着陆器上的太阳能电池翼
图 7–12 卫星的复合材料电池基板

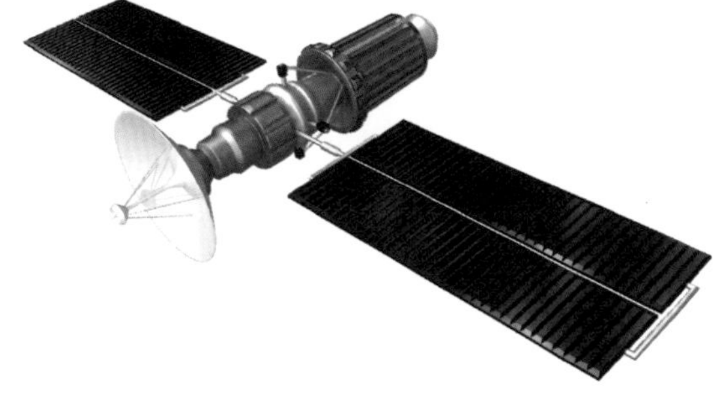

我们不再遥远了。2021年6月18日，全球首个太空太阳能发电站项目在中国重庆璧山正式开始建设，预计在2035年之前将建成世界上首个太空太阳能发电站，此太空发电站设计的质量约为200吨，运行轨道在距离地面36000千米的太空。它依靠太阳能作为能源，通过无线传输的方式向地面提供电力。远距离无线输电的技术难点已经被我国攻克，未来世界上第一个太空太阳能发电站，将会诞生在中国。

（三）整流罩、雷达罩和天线罩

2018年，我国通过自主研发技术研制出的航空母舰雷达系统上的天线罩，其主要采用石英／聚酰亚胺复合材料制备而成，专家评价此天线罩的重要性时是这么说的："如果说世界上最尖端的舰载雷达系统，使国产航母拥有了鹰一般的眼睛，那么我国研制的聚酰亚胺天线罩，正是守护这双鹰眼的'金钟罩'。"

我们经常提到的整流罩、雷达罩和天线罩，在功能上有很大的相似之处，主要起保护作用。以飞机整流罩为例，飞机上的整流罩能够将发动机的管线包覆起来，降低飞行阻力，还会对发动机等组件起到保护作用；在飞机的美观设计上，整流罩也发挥了极其重要的作用。据了解，如果飞机在飞行途中整流罩脱落则必须要返航，由此可以看出整流罩的重要作用了吧！而雷达罩是飞行器的重要部件，通常安装在飞行器的头部和背部，主要用于保护卫星天线、飞机及其他有效载荷免受外界环境的干扰。基于此，要求雷达罩具有最基本的特性，即良好的透波性。但是由于飞行器在高速运动中会产生大量的热，所以还需要较好的力学性能、良好的隔热性能和极其完美的气动外形（减少运动阻力而采用适合运动的外形）。另外，还需降低对天线电学性能的影响。需要同时满足上述所有的要求，采用三维立体织物制作天线罩是最佳的选择。部分高性能织物具有良好的隔热性能，三维立体织物具有良好的形状适应性，可以织造成各种形状的结构以适应飞行器的外形。由于石英纤维具有质量轻、电气绝缘性能佳、透波性强、耐腐蚀、耐紫外线、抗老化等特点，且能够适用各种复杂多变的外部环境条件，因此石英纤维常作为首选材料。

20世纪50年代初，美国采用石英纤维增强树脂复合材料制备

了“波马克”天线罩。20世纪70年代，美国研制出石英纤维增强氧化硅复合材料，目前已成功在美国“三叉戟”潜地导弹中进行了应用。同时也有部分整流罩采用碳纤维复合材料制备而成，如俄罗斯“联盟号”火箭整流罩（图7–13）、国产“歼–11B”战斗机的雷达罩。（图7–14）

图7–13 俄罗斯“联盟号”火箭整流罩示意图

图7–14 采用黑色雷达罩的国产“歼–11B”战斗机

（四）航空航天发动机

从古时候起，我们的祖先就幻想着像鸟儿一样在天空中翱翔，但是一直都苦于动力装置的问题而皆以失败告终。终于在1903年，莱特兄弟将水冷发动机成功应用到自制的“飞行者1号”飞机上进行试验。当时这台发

动机质量为 81 千克，由于发动机的质量过重，飞机最终只在空中停留了 12 秒，飞行了 36.6 米，但它是世界上第一次成功实现载人飞行的飞机发动机。在我国，第一台飞机发动机诞生于天津大学的前身——北洋大学，其设计者是北洋大学教授邓曰谟先生，他是中国机械工程教育和研究的开拓者。虽然当时国家贫困，但邓曰谟先生经过艰苦试验，终于成功设计制造出一系列仪器设备，如流速计、中国第一台水力发电机、第一台飞机发动机和第一台全能材料试验机等。后来邓曰谟自豪地说："当时全国高校的材料实验室机器大多是经我手制作出来的。"

航空航天发动机的主要作用是将燃料燃烧产生的热能转化为动能，在这一过程中会产生 800 ~ 1200℃的高温，所以要求航空航天发动机热端部件也能承受如此高的温度，且需要具有良好的抗震性能、抗损伤性能、抗氧化性能等特点。随着航空航天技术的发展，以前常采用的铝合金、钛合金和超高强度钢等金属材料很难同时满足温度和质量的要求。人们发现碳 / 碳复合材料具有密度小、模量高、热膨胀系数低、耐高温、耐腐蚀等优点，更令人不可思议的是，随着温度的升高，其强度不仅不会降低，甚至比室温时还高，这一点是其他材料所不具备的。

20 世纪 80 年代初，美国已经展开了碳 / 碳涡轮盘、发动机喷管部件和涡轮叶片等关键结构部件的研制工作，发动机的入口段与喉衬位置都采用的是整体多维碳 / 碳编织物，出口处是由碳 / 碳复合材料制成的。

8 航空航天服用纺织材料

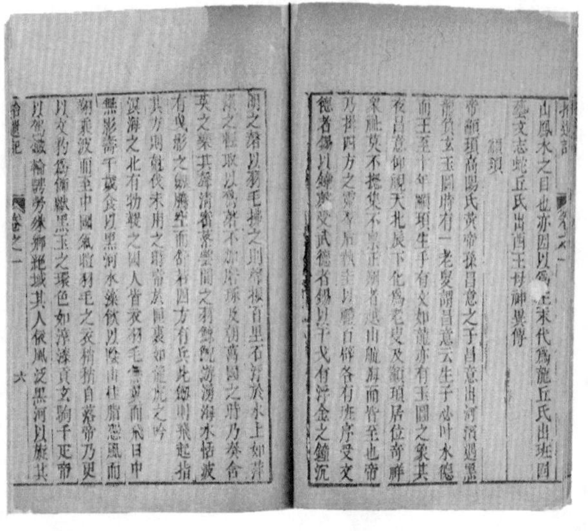

图 8–1 《拾遗记》记载了外星人与宇宙飞船的神话故事

一 引言

航空航天服是保障飞行员和航天员在执行飞行或航天任务时的个体防护装备，其能够保护飞行员或航天员免于来自真空、紫外线辐射、高低温、原子氧和空间碎片等因素的伤害。

人类的重大发明创造常常受神话故事的启发。东晋年间，王嘉在神话志怪小说集《拾遗记》中对“航天服”的雏形进行了描述（图8–1）。相传西海上空曾突现一艘飞船，从飞船上下来五六个人，穿着银色的衣服，身体硕大无比，一段时间后，该飞船便消失不见，了无踪迹。这个银色的衣服是不是和我们现在的航天服很像呢？

当然，这些描述都是小说情节，无据可查，也无从考证。但是，却加速了人类航天科技及航天服的研发。无独有偶，在1500年以后，法国著名科幻作家凡尔纳在其小说《从地球到月球》中也生动地描述了宇宙航行情节。

从那时起，凡尔纳就联想到人类如果要在太空中行走，则需要具备特殊防护功能的装备。然而，当人类于20世纪30年代初首次进行高空飞行后才意识到，航空航天服是必不可少的装备之一。科技力量所带来的革命性突破使得航空航天服的发展进步飞快，当人们追求更高的天空飞行时，高空下的低气压环境要求飞行员穿着具备加压功能的飞行服，从而可以合理调控呼吸。

在飞行器不断发展的历史长河中，人们逐渐意识到，随着飞行爬升高度的增加，飞行器中的氧气会越显稀薄，出于保护飞行员安全的角度考虑，则急需发明一种可以提供充足氧气的装备，因而出现了早期航天服的雏形——抗压服（图8–2）。据记载，澳大利亚人于1894年发明了抗压服，其主要采用铁丝网和防水布编织而成。随着科技的进步，航天服也在不断向前发展。

1954年，《克里尔杂志》刊登了一系列关于人类登陆火星的科幻文章，插图中的航天员身着部分增压服，以抵御真空环境可能带来的伤害。事实上，火星上的气压比人们那时想象的要小138倍，所以，航天员必须穿上全增压服才能抵御太阳射线、沙尘暴和微流星体。

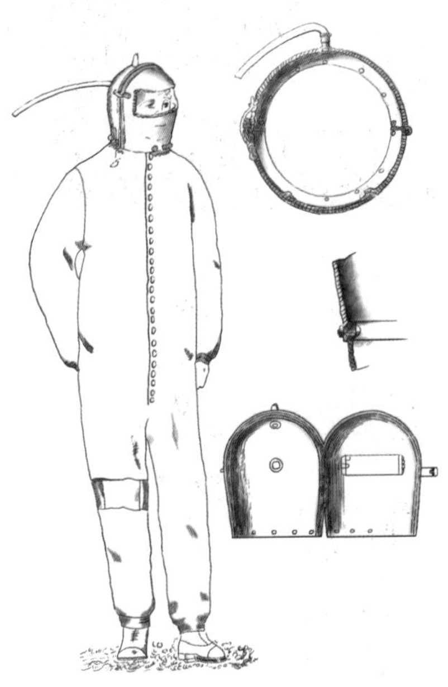

图8–2　早期航天服的雏形——抗压服

图 8–3　人们想象中的航天服

航天服及航空用特种服装是飞行员和航天员执行航空航天任务时的关键装备之一，其性能优劣直接关系到航空航天人员的生命安全是否有保障。太空行走作为载人航天的关键任务之一，需要攻克诸多技术难题。而航天服作为太空行走的直接保障，时刻关系着出舱航天员的生命安全。舱外航天服，可视作一艘微型太空船，时刻为航天员提供压力保障、氧气供给及温湿度环境控制，使其正常生存的同时，能够顺利进行舱外太空作业。1965 年，苏联及美国的航天员相继实现了太空行走。1969 年，美国航天员成功登陆月球。时至今日，伴随着空间技术的发展，航天服的外观和细节不断进行升级，但基本的设计需求却始终保持不变。作为航天员生命活动的有力保障，航天服是太空探索中必不可少的重要元素之一。经过数十年的空间探索及研发，现代航天服不仅能够实现控温控湿、压力保持等功能，还嵌入了摄像、显示、通信等装置，甚至还可供航天员在航天器附近随意运动。（图 8–3）

二 航天服的发展史

太空，是一个高真空、高寒且具有强辐射的区域。航天员无法在缺乏保障措施的情况下，来独自面对这一复杂的宇宙环境。从1950年左右的银色航天套装到具有特定功能的现代航天服，美国的航天服经历了近70多年的演变，为航天员出征太空提供了有效保障。在这70年间，美国宇航局和航天公司一直呼吁要保护好参加高空飞行的航天员。

（一）“水星计划”套装

1958年，“水星计划”是由美国实施的首个载人航天计划，又名“航天员计划”。由身穿“水星计划”全身套装的美国航天员戈尔登·库勃进行为期一年的高空飞行任务（图8–4）。为了避免突然的压力损失和温度的骤变对航天员造成影响，在美国海军高空喷气式飞机压力服的基础上，B．F．Goodrich公司制造了内、外层分别由氯丁橡胶涂层尼龙和镀铝尼龙构成，同时装配操控装置的特殊手套和“闭环”呼吸系统的航天服。

图8–4 “水星计划”航天服套装

1962年，美国航天员约翰·格伦驾驶着宇宙飞船在预定轨道上绕地球飞行了三圈，这是美国首次进行的载人轨道飞行，

也是水星航天服唯一一次进入太空。（图 8-5）

20 世纪 40 年代初期，美国开启了新一代抗压服的研制，多家公司受到官方邀请而参与其中。在众多的研发方案中，出现了与当时科幻片十分类似的“作品”，即球状透明的塑料头盔搭配密闭的橡胶／棉花紧身服，但这些产品均未考虑飞行员活动受限的问题。1956 年，美国军方委托国际橡胶公司研发高海拔增压服。虽然服装不是很完善，但关节连接处的波纹管结构却极大地提升了航天服的灵活性。（图 8-6a，图 8-6b）

（二）“双子座”航天服

NASA 工程师在设计“双子座计划”的航天服时，参考了美国

图 8-5　美国航天员约翰·格伦身着“水星计划”航天服进入太空

图 8-6　20 世纪 40 年代美国航天员身着改进前 (a) 和改进后 (b) 的航天服

空军的制备工艺。服役于“双子座计划”的航天服和服役于“水星计划”的航天服有着显著不同。服役于“双子座计划”的航天服不仅能够满足航天任务所需的加压功能，其服装还具备较好的弹性，使得航天员在执行任务时能够更加舒适。该款航天服在关节处采用充气式压力结构和内部网状衬里，使得航天服的内部始终能维持一定压力，这种特殊设计使得航天服在加压状态下也能保持灵活状态。“双子座计划”于1965年3月实施，美国NASA航天员格斯·格里逊和约翰·杨进行了首次“双子座”太空航行任务，绕行地球数小时。为了改善航天员在舱外工作的舒适性，他们所使用的航天服还配有一个便携式空调，能够随时保持航天服的凉爽干燥。(图8–7)

图8–7　身着“双子座”航天服的美国航天员

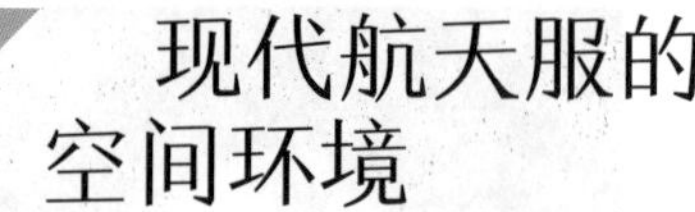

三 现代航天服的空间环境

在执行航天任务时，航天服一般会经历以下几种恶劣的空间环境。

真空环境：航天器所在的轨道高度通常在200～500千米，此时航天服所需要承受的大气真空度为$1.58\times10^{-9}\sim1.62\times10^{-7}$千帕。

高低温：航天员在执行近地轨道的航天任务时，航天服所需要承受的空间温度为−160～+140℃。高分子材料在高温环境下会发生严重老化，主要包括结构老化和化学老化。当环境温度高于高分子材料的分解温度时，其化学结构的变化会导致超分子结构发生变化，使得纤维材料的性质发生显著改变，如力学性能降低等。

原子氧：原子氧为近地轨道大气中的主要成分之一，约占80%，而在距地球约450千米的轨道时，原子氧的含量高达96%左右。原子氧具有极强的氧化腐蚀性能，其撞击能量可高达4.5电子伏，因此，原子氧的碰撞会对高分子材料产生非常严重的侵蚀作用。

紫外线辐射：紫外线在空间总辐射能中占有一定比例，当紫外线辐射到高分子材料表面时，纤维材料的弱键会因受到紫外光子能量的作用而发生分子链降解，从而造成其性能的下降。（图8–8）

因此，满足空间服役性能的航天服必须具备高强度、高弹性、低比重、高耐磨、化学稳定性和高柔软性等特点。此外，用于制备航天服的纺织材料还应能够抵抗物理和化学共同作用的破坏。

目前，航天服主要服役于近地轨道或者月球表面。月球表面由于没有大气层，所以温度具有明显梯度。月球中低纬度地区，白天的温度约为120℃，夜间的温度为−170～−160℃。月球赤道和黄

图 8-8　复杂的空间环境示意图

道之间的倾角很低，在极地地区可能存在火山口，其底部位于阴影中，使得其温度可能更低（约为 −230℃）。因此，就月球表面而言，航天员在月球完成航天任务，其空间环境对航天服的性能要求格外严苛，且航天服起着主要作用。

四 现代航天服的组成与功能

（一）现代航天服的组成

航天服作为一种个人密闭装备，在维持航天员生命安全的同时，兼具保障其正常工作的能力，当面对诸如高真空、强辐射、微流星撞击、高低温转变等复杂空间环境时，通过阻隔作用来实现对航天员的充分保护。

航天服的发展源自航空飞行服，在延续其设计理念的基础上，进一步融入了特种化功能，从而形成了专用于宇宙空间环境下的重要防护装备。早期的载人航天工程中，由于航天员仅需在座舱内开展空间应用试验，故航天服的应用场景仅限于飞船内。随着载人航天任务的进一步实施，出舱成为航天员必不可少的一项空间活动，为了满足该需求，适用于出舱外用的航天服被陆续研制出来，以供航天员完成登月考察、火星探测和建立空间站等一系列复杂的出舱活动。

（二）现代航天服的功能

现代航天服是保障航天员在外太空中生存的重要设备，其主要由以下系统构成：压力稳定系统、结构运动系统、呼吸支持系统、温度调节系统、通信系统、人体代谢物收集处理系统，以及人体安全健康防护系统等，从而保障了航天员的正常工作和生活。（图 8–9）

以压力稳定系统为例，在极端太空环境中，环境压力的迅速变化容易导致航天员的器官发生损伤，影响航天员的身体健康。此外，随着航天员体内压力的降低，还容易造成减压病。因此，针对外太

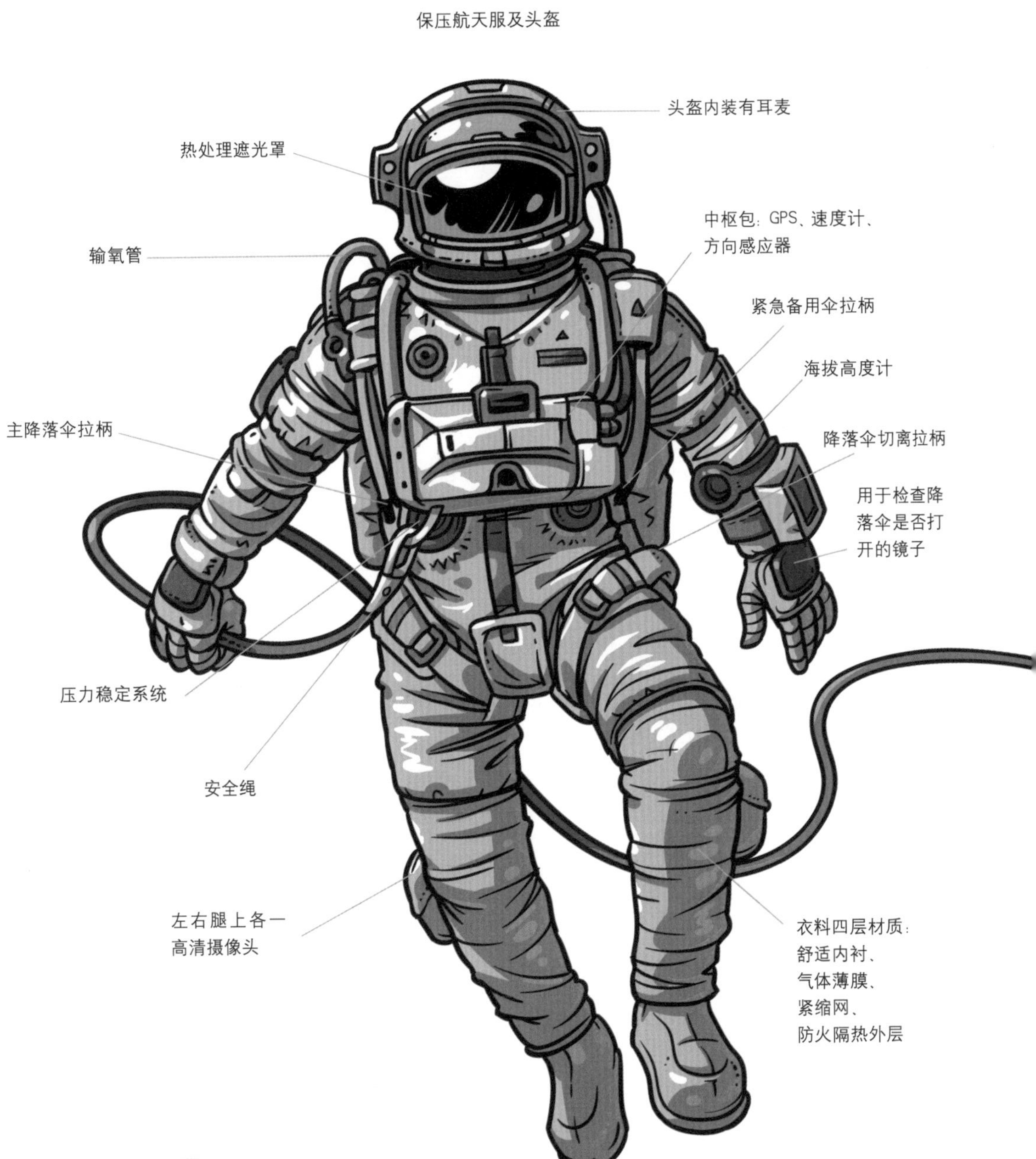

保压航天服及头盔

头盔内装有耳麦

热处理遮光罩

中枢包：GPS、速度计、方向感应器

输氧管

紧急备用伞拉柄

海拔高度计

主降落伞拉柄

降落伞切离拉柄

用于检查降落伞是否打开的镜子

压力稳定系统

安全绳

左右腿上各一高清摄像头

衣料四层材质：舒适内衬、气体薄膜、紧缩网、防火隔热外层

图 8-9　航天服的组成与功能

空的低气压或真空条件，压力稳定系统能够有效为航天员合理调控身体内外的压力，使航天员的身体健康得到适当保护。

在载人航天任务中，克服太空的极端压力环境是航天员生存及正常工作的前提。因此，压力防护成为航天服中不可或缺的功能之一，也是航天服设计制造中最基本也是最重要的一个部分。航天服的压力防护是通过压力调节系统来实现的，根据航天员的空间活动内容，执行不同的压力标准，以保证多任务目标下航天员的工作能力。

在航空飞行中，为了避免飞行员出现缺氧、减压病和冷效应等生理反应，科学家们研制出了全密闭增压式防护服，航天压力服便是由此改进而成的。利用高空全压服的既有功能及优势，在满足基本防护要求的同时，航天压力服还需保证一定范围内人体四肢的活动能力，从而提升一体化航天服的灵活性和机动性。然而，寻求航天压力服生理防护和工效保障的功能平衡，一直以来都是航天服设计的核心难点。因此，开发航天压力服的轻量化承压能力、长寿命的空间环境耐受能力以及适体性便携穿脱能力，是目前航天服压力防护技术发展的主要方向。

压力稳定系统主要为航天员提供稳定的内部压力。通常情况下，航天服内的压力略小于标准大气压，此压力下有利于航天服具有更高的灵活性。此外，航天员的顺畅呼吸主要源于航天服的纯氧供应系统，如果航天员从正常环境进入航天服内低压环境的时间过长，可能会产生减压病。所以，通常情况下，航天员需要先呼吸饱和量的纯氧气之后再进入航天服中，从而防止减压病的发生。

五 航天服用纺织材料

随着“神舟十二号”飞船的成功发射，三位航天员在我国自主研发的空间站中进行了三个月的生活、科研活动，其中众多的高新科技势必引起全球人们的广泛关注和强烈好奇。在长时间的太空生活中，航天服起到至关重要的作用。那么，航天服作为太空探秘中最重要的纺织品，它是由什么纺织材料和结构组成的呢？

首先，作为特种个人密闭装备，航天服需要在保障航天员生命安全的前提下，最大限度地提高航天员工作能力和活动范围。当身处复杂太空环境中，环境因素（如真空、星尘、集成热、碎片、高低温循环和太阳高辐射等）会对航天员造成不可挽回的危害。航天服按照用途可分为舱内航天服和舱外航天服（图 8–10，图 8–11）。

图 8–10　我国航天员身着的舱内航天服

图 8–11　我国研制的“飞天”舱外航天服

航天服在结构上从内层到外层依次为：内衣舒适层、保暖层和隔热层、通风服和水冷服、气密限制层以及外罩防护层，为航天员的生命安全提供了全方位的保护。由于在太空环境中出舱作业的航天员缺乏座舱环境控制系统的保护，因此，舱外航天服对防护性能的要求更为严格。并且为了应对严酷的宇宙空间环境，舱外航天服自身的功能也被要求更加多样化，因此其具有比舱内航天服更为复杂的结构。在选择航天服的纺织材料时，需要经过大量的实验和研究，才能为完成高难度的航天任务打下坚实的基础，保证后续的实际应用。

航天服是世界上最复杂的服装，在结构上可分为软式、硬式和软硬组合式。航天服一般由压力舱、头盔、手套和靴子等几个部分组成。航天员佩戴的头盔一般带有密闭的启闭装置以及球面全景面窗。在头盔不随航天员头部小范围内活动的情况下，头盔的全景面窗使航天员能够有更好的视野，其通过航天服颈部的颈圈与压力舱相连。上下连接式的压力舱为航天服的主体部分，能够在充气和加压的情况下仍维持非常好的密封性，为航天员一定范围内的活动提供保障。在保证密封性的前提下，航天服的手套和靴子分为可拆卸和直接与压力舱相连的两类。手套可以戴在压力服的袖口上，也可直接脱掉；靴子可套在航天服的限制层形成套靴，也可以连接断接

器形成可以脱掉的密封靴子，或直接与压力服连接构成一个整体。（表8–1）

表 8–1　代表性航天服用纺织材料

项目/航天服	单位/国家	纤维材料	目的
"双子座"航天服	NASA/美国	耐高温尼龙；尼龙毡，氯丁橡胶涂层尼龙；多层镀铝聚酯膜和涤纶非织造布；硅橡胶材料	外层覆盖；粒子流防护；热防护
阿波罗/A7L EVA 月面航天服	NASA/美国	尼龙衬垫；氯丁橡胶涂覆尼龙；橡胶涂覆尼龙；多层镀铝聚酯膜和涤纶非织造布；镀铝聚酰亚胺膜/薄罗纱层压膜；特氟龙涂层长丝织物，特氟龙织物；镍铬合金织物；硅橡胶涂层尼龙经编织物；硅橡胶，镀铝聚酰亚胺纤维，芳纶1313织物	舒适层；压力气囊；气密限制层；热防护层；阻燃/耐磨/热防护层
空间站轨道航天服	NASA/美国	特氟龙/芳纶1313/芳纶1414，增强镀铝聚酯膜和涤纶；氯丁橡胶涂层尼龙织物；涤纶织物；聚氨酯涂层尼龙格子织物/涂覆聚氨酯膜；尼龙–氨纶和醋酯纤维管状织物	热微流防护外层；隔热防护层；压力限制层；压力气囊/压力气囊手套；液冷通风服；内衣舒适层
轨道航天服	苏联	聚酰亚胺织物；多孔橡胶	气密限制层；压力气囊
月面航天服（未服役）	苏联	聚酰亚胺织物和特氟龙/芳纶1313/芳纶1414；橡胶	约束层；压力气囊
国际空间站轨道航天服	俄罗斯	Nomex类型；聚酰亚胺和银丝网；聚酰亚胺；聚乙烯；天然乳胶；橡胶涂覆卡普龙；氨纶；卡普龙经编织物	防护服；无线电织物；热防护；衬里；约束层；压力气囊；液冷服；内衣舒适层

（一）内衣舒适层

长期执行太空任务会存在换洗衣物难等问题。如大量皮脂、汗液等会污染内衣，滋生细菌，从而对航天员的健康造成一定影响。因此，一般选用质地柔软、吸湿性好、透气性优异且经抗菌整理的棉针织品作为内衣层的主要材料。

（二）保暖层和隔热层

航天员所处的太空环境低温约为 −150℃，当处于太阳光直射时，高温环境却高达 150℃以上。因此，为了保障航天员的生存需求，无论舱内航天服还是舱外航天服，都必须具备优良的隔热保温功能。此外，保暖层的作用在于保持舒适的温度环境，通常采用热阻大、柔软且质量轻的纺织材料。一般使用高性能纤维制备保暖层，如聚间苯二甲胺间苯二胺纤维（Nomex）等，其展现出高强高模和耐磨性好等特征，能够满足航天员执行航空航天任务的需求。

（三）通风服和水冷服

航天员执行航空航天任务时，由于体热过高，可能产生危险。航天员在舱外执行任务时，如果航天员的产热量过高，此时通风服可能起到散热的功能较小。因此，通常会采用水冷服来改善航天员的体表温度。通风服和水冷服主要采用具有抗压性能、高耐磨和柔软性较强的聚氯乙烯纤维或者尼龙纤维等纺织材料制备而成。

（四）气密限制层

在高真空环境下，分子受到外界能量作用后会发生分解现象，形成粒子和电子，从而产生放电或冷焊接现象。此外，真空环境下还容易造成舱外航天服或舱内航天服的变形，导致其力学性能受到损伤。因此，气密限制层需要采用强度高且伸长率低的纤维材料，如芳纶 1313 和聚酰亚胺纤维等。另外，将纤维材料与过渡金属二硫族化合物如二硫化钼等复合，从而改善复合纤维的耐磨性能和耐高温稳定性。

（五）外罩防护层

空间环境中，除太阳光中的紫外光会对航天员产生危害外，其他高能粒子辐射，如太阳电磁辐射、太阳宇宙线辐射等也会对航天员产生一定危害；且长时间暴露在强烈辐射和粒子流的作用下，纤维材料会发生不同程度的降解。因此，航天服的外罩保护层需要具备很高的耐紫外线辐射和耐粒子流等性能，主要采用具有一定防辐射性能的碳纤维、聚酰亚胺纤维和 Nomex 等。

六 高空代偿服

随着科技发展，世界各国都展开了军备竞赛，特别是在人机结合方面。其中飞行员和航天员的生命安全是首先要考虑的。因此，同时保证飞行员和航天员的人身安全和工作状态以适应不同条件的太空环境，成为新的研究方向。

作为飞行员防护服的代表，高空代偿服是航天器向高空飞行后发展的新型航天服。当飞行员在高空（约 12000 米）做高速飞行或翻转运动时，会出现因爆破减压所导致的缺氧或贫血等症状，从而可能导致飞行事故的发生。

据记载，英国在 20 世纪 40 年代最早研制出高空代偿服，我国则于 1956 年开始研制。高空代偿服主要分为侧管式代偿服和囊式代偿服。目前，各国主要采用囊式代偿服对飞行员进行保护。囊式代偿服主要包括头盔、加压面罩、代偿背心和抗荷裤。

高空代偿服的设计，应满足以下几点要求：①高空代偿服需起到均衡飞行员表面压力的作用；②能对飞行员胸廓和腹部肌肉组织的呼吸进行自适应性调节；③需使得飞行员的操作流畅自如；④应具备一定的透气透湿性能，使飞行员保持干爽；⑤满足飞行员基本的穿戴自如的要求；⑥穿戴简便快速；⑦不额外增加飞行员的负担。

高空代偿服对飞行员的体内压力调控的方式主要有以下几种：①通过设计合理的织物组织结构，实现对飞行员身体的机械增压，其张力主要来源于高空代偿服的高压气囊；②高压气囊主要对飞行员实施机械挤压，从而使得飞行员肺部的压力与气囊内的压力相等，从而保护飞行员身体健康；③高空代偿服采用混合增压的方式对飞行员进行增压。其中，低压气囊负责提供肺部和胸腔的压力，而具有一定组织结构的织物则提供四肢和身体的压力，从而实现对飞行员的保护。（图 8–12）

纺织纤维及其制品在高空代偿服的研制中起着举足轻重的作用，在服装面料的选择上，其应具备以下几点要求：①比重小。在不影响高空代偿服整体性能的前提下，纤维材料越轻越好。②强度高。高空代偿服的增压作用使得纤维材料及其制品需具备极高的强度。③伸长率不同。纤维材料的伸长率是高空代偿服的重要技术指标之一，在给高空代偿服增压的过程当中，需保持纤维制品低伸长率的状态；而当应用于某些关节部位时，则需要保持纤维制品具备较高的伸长率。④透气透湿。高空代偿服的特殊服役环境使得纤维制品需具备一定的透气透湿性能，这是作为服役性能的基本要求之一。只有维持飞行员正常的生理需求，才能有效提高飞行员的作战能力。⑤耐老化性能。作为高空服役装备，高空代偿服还应具备一定的耐光、耐热、耐氧化和耐磨损等性能。⑥耐高温阻燃性能。具有优异阻燃性能的高空代偿服能够有效保护飞行员免于火灾所导致的事故。⑦防电磁辐射性能。飞行员特殊的工作环境，会长期暴露在电磁辐射的环境中，从而可能会对神经系统和心血管系统等造成一定程度的损伤，因此，高空代偿服也应具备优异的防电磁辐射性能。

图 8–12　我国飞行员身着的新型代偿服

9 航空航天中的有色纺织品

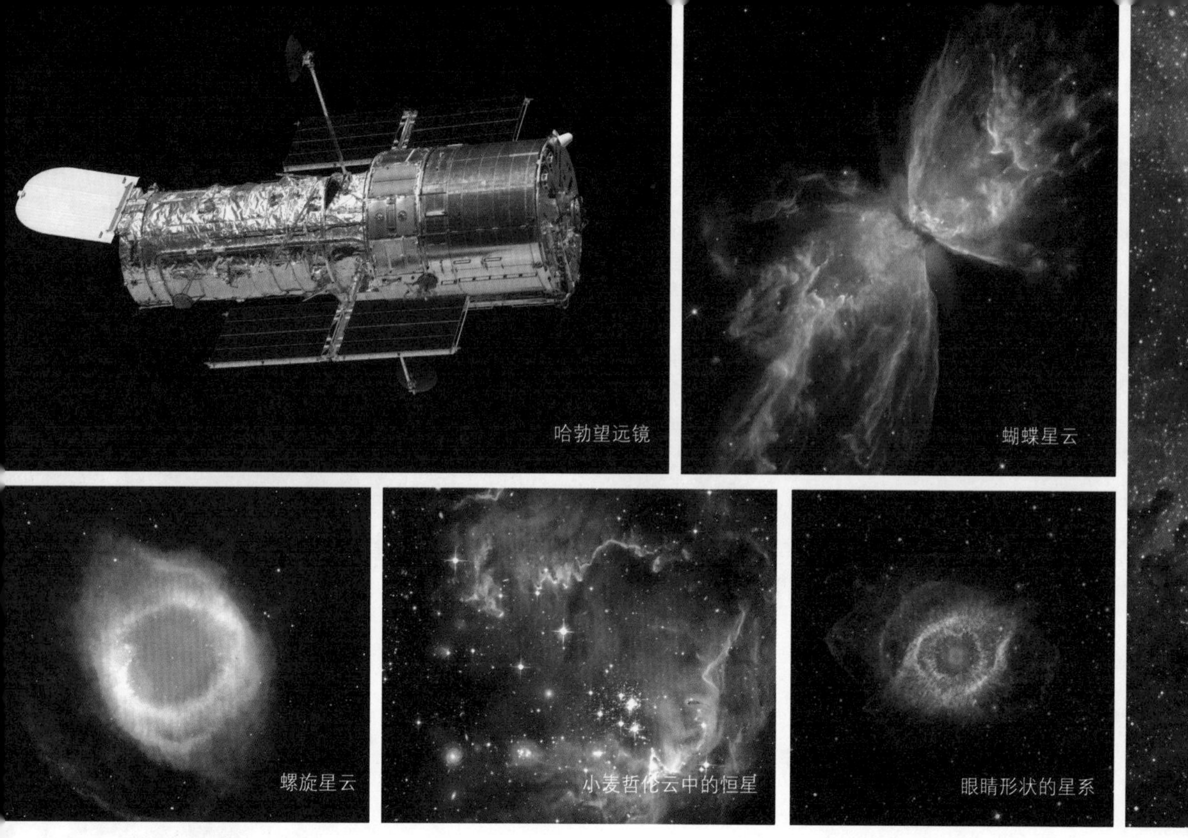
哈勃望远镜
蝴蝶星云
螺旋星云
小麦哲伦云中的恒星
眼睛形状的星系

一 引言

人类从婴孩时期开始，就对各种鲜艳的颜色青睐有加。人类历史上关于宇宙的幻想也都是姹紫嫣红、五光十色的。《西游记》中关于天宫圣境的描述开篇便是“金光万道滚红霓，瑞气千条喷紫雾”。而现在的科研人员为了营造宇宙的神秘感，让更多的人对宇宙研究感兴趣，他们用带有红、绿、蓝三种颜色滤镜的哈勃望远镜拍摄宇宙的物体或者星云，再加上原始的黑色，经合成修饰，将五彩星空图呈现在我们面前（图 9-1）。尽管哈勃望远镜在视觉上“欺骗”了我们，但宇宙也不尽然全是黑色的，每颗星球都有自己的颜色。近代的西方科学根据恒星温度的高低，用“Oh！ Be a fine

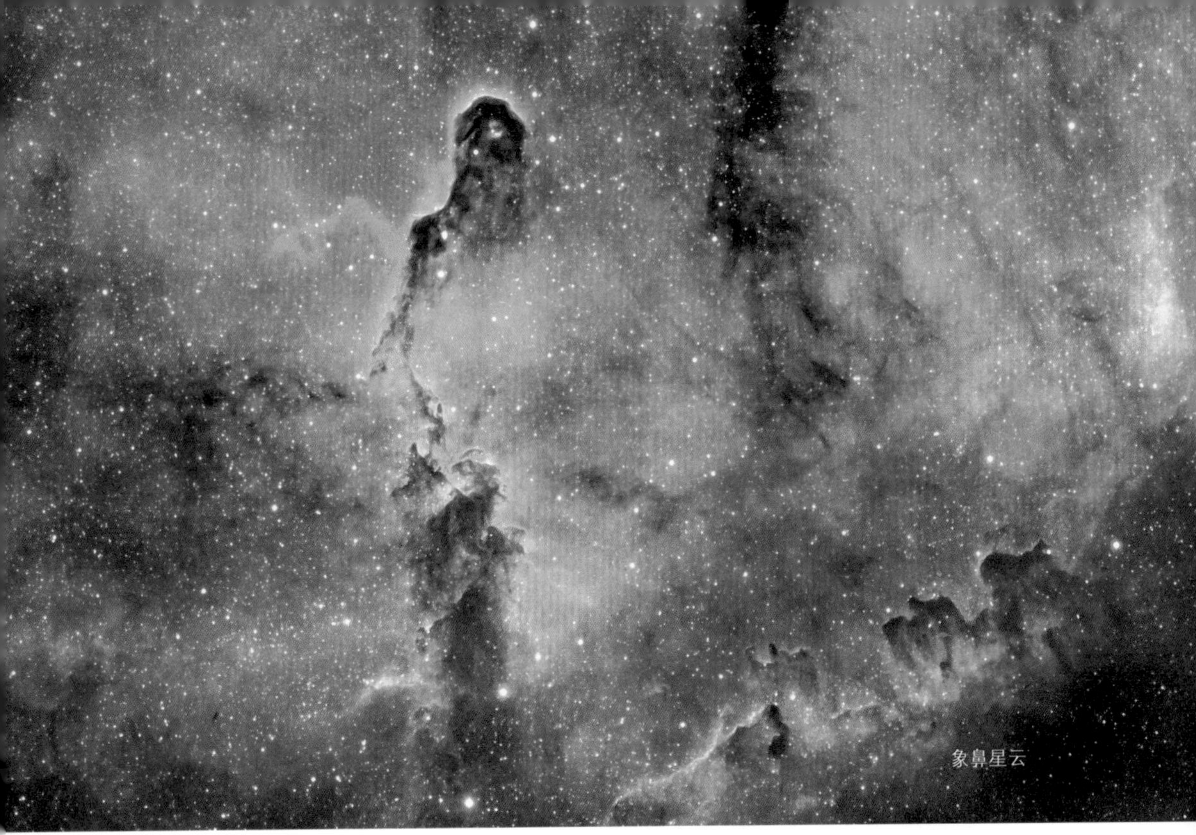

图 9–1 哈勃望远镜及哈勃望远镜拍摄的星云

girl，kiss me!”（哦！美丽的姑娘，吻我吧！）这句话的首写字母OBAFGKM 从蓝色到红色概括了星球的颜色。（图 9–2）

颜色的魅力不言而喻，但在航空航天方面，有色产品的作用也绝不只是好看的“花瓶”。如用作标识的各种旗帜、LOGO、图腾，伪装用的各种迷彩、涂层，还有调节飞行员或航天员心理状态的各种物品等，颜色均具有不可替代的实质作用。随着飞离地球表面技术的日臻成熟，人类不仅可“胁下生双翼”“随花飞到天尽头”，更可“上九天揽月”。所幸，航空航天的技术手段让古人脚踏五彩祥云、一日千里的美梦成为现实，但想衣袂飘飘，乘风直上，如敦煌的“飞天”般潇洒优美，终是有些难度的。毕竟随着海拔高度的增加，温度降低，紫外线辐射增强，此种环境条件实在对人类不怎么友好。为此，人类在与地球引力进行斗争、探索如何飞得更高更远的过程中，

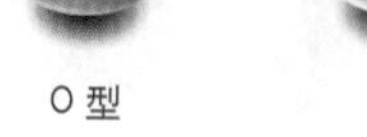

图 9–2　各种颜色的星球

有着保暖、质量轻、高强度等性能优势的纺织材料成为该领域发展的重要支柱之一。纺织材料还有一个独特性能，即可以被染成需要的颜色。这一点既契合人类的浪漫主义情怀及个性化思想，又可以满足材料的各项功能应用。

地球上的大气层对太阳热辐射及各种宇宙射线起到了像盾牌一样的阻挡作用，所以在飞离地球表面的航空航天活动中，能承受强烈的紫外线辐射及温差变化是航空航天材料必须具备的特性。因此用于航空航天的纺织材料多为高性能纤维，它们具有强度高、模量大、耐高温、抗腐蚀等普通纤维所没有的特殊性能。其对应的染色产品也必须具备较高的耐日晒牢度、抗氧化牢度、耐升华牢度等。材料的性能源于结构，高性能纤维的特殊性能是因为其具有致密、规整的内部分子结构，但此类分子结构也阻碍了染料分子进入纤维，增加了其染色的难度。而获得高品质、高牢度的有色航空航天纺织品更是难上加难，故早期的航空航天纺织品大多颜色单一。近年来，随着科学技术的发展及对实际应用需求的增加，越来越多的颜色被运用并带上天空，乃至太空，让逐梦星辰大海之路变得五彩斑斓。尤其是在宣示国家主权的国旗及飞行员或航天员的服装等方面，有色纺织品具有突出的优势。

二 太空中出现过的各国旗帜

国旗是一个国家的一种标志性旗帜，是国家的象征。随着科技的发展，人类在与地球引力进行对抗的过程中，逐步进入了航天时代。航天活动充分体现了一个国家的综合国力和科技水平。从人类航天活动伊始，国旗就随之出现在太空中，它们或被描绘在物体的表面，或被单独携带升空。

（一）中国国旗

最近几年，中国在太空探索方面捷报频传。2020 年 12 月，“嫦娥五号”成功取样返回；2021 年 5 月，“祝融号”顺利登陆火星；2021 年 9 月，在“天宫号”空间站“天和”核心舱内生活、工作了 3 个月的 3 位航天员乘坐“神舟十二号”飞船顺利返回地面。殊不知，这一切距离“东方红一号”卫星（中国发射的第一颗人造地球卫星）进入太空也才 50 多年。50 年沧海桑田，这些都是中国人对红色信念坚定不移的成果！

1. 太空

第一个将五星红旗带入浩瀚太空的是美籍华裔科学家王赣骏。在层层选拔及魔鬼式训练后，王赣骏于 1985 年 4 月 29 日乘坐“挑战者号”航天飞机进入国际空间站。王赣骏此行将一面宽 610 毫米、长 960 毫米的中华人民共和国国旗带上了太空。这面国旗由王赣骏在美国定做，除五角星的比例稍有偏差外，尺寸基本标准。1985 年 7 月，王赣骏郑重地将这面第一次被带上太空的五星红旗赠送给了

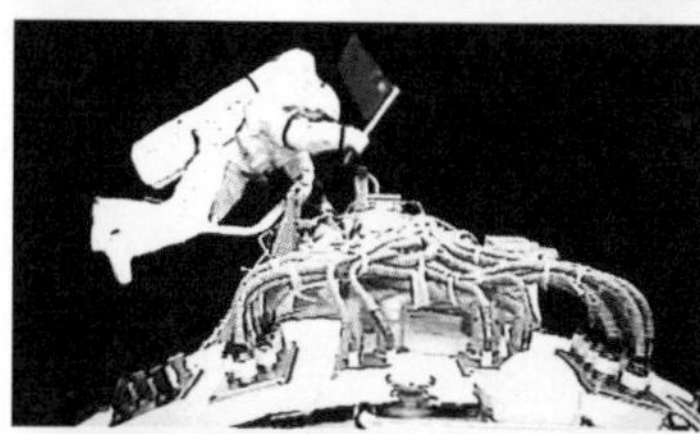

图 9-3　杨利伟在太空中展示中国国旗和联合国旗帜
图 9-4　收藏于国家博物馆的“神舟五号”航天员杨利伟在太空展示的中国国旗和联合国旗帜展板
图 9-5　手举国旗在太空行走的翟志刚
图 9-6　“神舟七号”航天员翟志刚太空行走所用的中国国旗

中国领导人，以表达他作为中华儿女的赤子之情。这面国旗现收藏于中国国家博物馆。

2003 年 10 月 15 日，航天员杨利伟乘坐我国自主研制的“神舟五号”飞船进入太空,并在绕地球飞行的过程中，通过镜头向世界展示了中国国旗和联合国旗帜（图 9-3）。此举实现了中华民族千年飞天的梦想，是中国航天史上的里程碑事件。此次任务中担负特殊使命的五星红旗和联合国旗帜尺寸相同，均长 150 毫米、宽 100 毫米，两面共重约 10 克，材料为尼龙，色彩呈现采用印花工艺，现收藏于中国国家博物馆。(图 9-4)

2008 年 9 月 27 日 16 时 41 分，翟志刚从“神舟七号”飞船中走出，带着鲜艳的五星红旗进入太空（图 9-5），中国人太空行走的梦想就此实现。此次任务所用国旗的制作方式是一种起源于唐宋、兴于明清的传统刺绣工艺——湖北黄梅挑花，又名“十字绣”的中国传统刺绣工艺，由“神舟七号”项目组的 200 多名科技工作人员共同绣制完成，意义非凡。此面国旗收藏于西藏自然科学馆内（图 9–6），用以长期开展航天科普教育。

上述国旗均是随人进入太空的织物国旗，它们并没有经历太空中高低温交变、高强度紫外线辐射等极端环境，而接下来的登月国旗、登火星国旗则在这些方面实现了科技的突破。

2. 月球

2013 年 12 月，“嫦娥三号”携带的“玉兔一号”月球车成功在月球上走出了中国轨迹。“嫦娥三号”与“玉兔一号”月球车上鲜艳的五星红旗，宣告着中国成为第三个具备月球软着陆和月面巡视勘查能力的国家。“嫦娥三号”着陆器上的国旗尺寸为长 480 毫米、宽 320 毫米，“玉兔一号”月球车上的国旗尺寸为长 192 毫米、宽 128 毫米，是由中昊北方涂料工业研究设计院负责研制完成的，其总经理王波说：“我们所研制的国旗既能克服环境变化冷热交替时的温差，也能应对紫外线电子和质子等高分子射线的冲击，还能应对月球黑夜的超低温，在外太空极端环境下可始终保持五星红旗的鲜艳颜色。”

图 9–7 “嫦娥四号”及其上的国旗

2018 年 12 月，“嫦娥四号”探测器在月球背面成功着陆，与“玉兔二号”月球车一起揭开了“月背”的神秘面纱。“嫦娥四号”曾是“嫦娥三号”的备用星。据相关科研人员透露，“嫦娥四号”上国旗（图 9–7）的基材是一种叫聚酰亚胺的有机高分子薄膜材料，这种材料在 −200 ～ +200℃的温度范围内性能基本不会发生变化。所以说，此面国旗与地面上常见的国旗是完全不同的。

2020 年，中国探月再度出征，“嫦娥五号”成功完成无人月面采样返回任务。此次着陆器还在月球上实现了“升国旗”，完成了国旗的独立动态展示。该国旗是由武汉纺织大学纺织新材料与先进加工技术国家重点实验室徐卫林院士团队研制完成的，是完全由纤维经纺纱、织造、染整制成的织物版国旗。在没有温控的条件下，长 300 毫米、宽 200 毫米的国旗以紧密卷绕状态，在 −150 ～ +150℃高低温交变、高真空的极端太空环境中飞行一周后，终于抵达月球，展开后又经历了强紫外线工况条件，最终顺利完成展示任务，突破了中国深空探测无温控条件有色纺织品无法正常使用的历史，具有划时代意义。该织物版国旗在月面成功展开引发了社会和媒体的广泛关注。（图 9–8）

3. 火星

2021 年 5 月 22 日，“祝融号”火星车安全到达火星表面，并成功与着陆平台合影（图 9–9）。贴装在火星车表面和安装于着陆平台上的两面五星红旗是由中国航天科技集团有限公司第五研究院 510 所研制的。火星车表面的国旗相对较小，长 96 毫米、宽 64 毫米。着陆平台上的国旗长 320 毫米、宽 240 毫米，经可控动态展开后，五星红旗在火星风的沐浴下迎风飘扬。这两面国旗为中国探测器在火星上打上了“中国标识”。

图 9–8 "嫦娥五号"上织物版国旗的相关报道
图 9–9 "着巡合影"图

（二）苏联国旗 / 俄罗斯国旗

1961 年 4 月 12 日，苏联航天员加加林乘坐"东方 1 号"宇宙飞船绕地球飞行一圈后安全返回，这是人类的首次宇宙飞行。加加林头盔上方的 CCCP（苏维埃社会主义共和国联盟的俄语缩写）字样仿佛成为人类历史的见证者。（图 9–10）

1991 年 5 月 18 日，航天员阿尔巴尔斯基和克里卡廖夫前往苏联"和平号"空间站工作。此时苏联国内政局不稳，为表示对国家

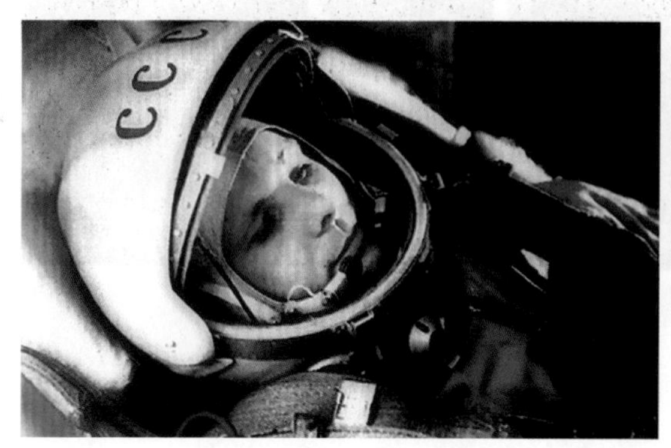

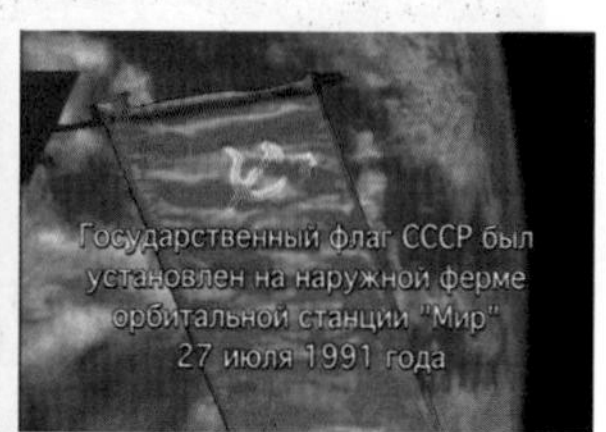

图 9–10　第一位进入太空的人类——苏联航天员加加林
图 9–11　挂在“和平号”空间站外面的苏联国旗

分裂者的抗议和不满，两位航天员在轨道站的外部桁架上竖起了苏联国旗（图 9–11）。这面苏联国旗直到稳定的俄罗斯时期到来后才被取下。

由于空间站需要有人“照料”，阿尔巴尔斯基返回后，克里卡廖夫留在空间站工作。但是，当克里卡廖夫完成任务时苏联正面临解体危机，经济实力已不足以支持克里卡廖夫返回地球。直到有其他国家出资购买空间站工作岗位，被迫在太空度过了 311 天的克里卡廖夫才得以返回地球，他也因此创造了世界纪录。当他穿着印有 CCCP 字样及红色苏联国旗的航天服回到地球上时，苏联早已分裂成为 15 个国家。因此，他被称为“苏联最后登陆太空的航天员”，更被称为“苏联的最后一位公民”。

2019 年 8 月 22 日，俄罗斯首位机器人航天员费奥多尔（Fyodor，Fedor 系列机器人的最新版本之一）手持俄罗斯国旗乘坐“联盟 MS–14”飞船飞往空间站（图 9–12）。8 月 27 日，“联盟 MS–14”飞船成功与国际空间站对接，这面国旗也顺利进入空间站，标志着俄罗斯航天的又一次成功。

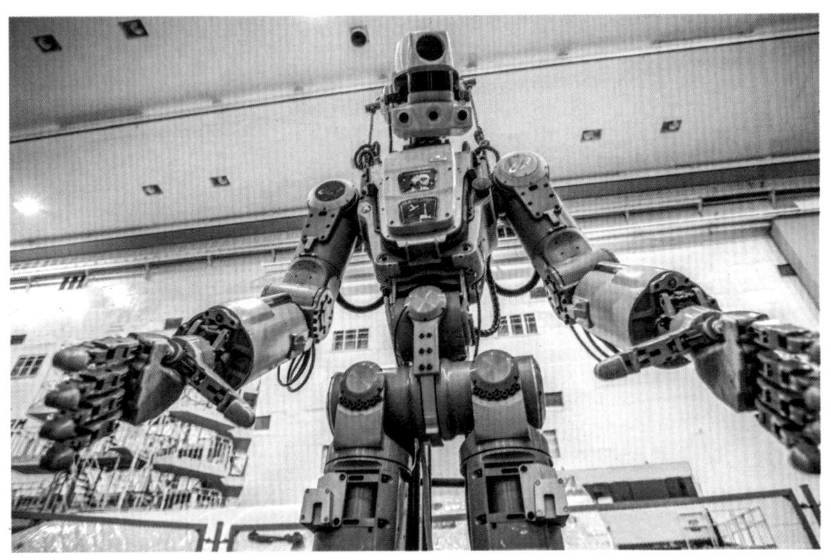

图 9–12 俄罗斯首位机器人航天员费奥多尔

（三）美国国旗

1. 空间站

1961 年 5 月，第一面离开地球的美国国旗被放在了艾伦·谢泼德乘坐的飞船上。1995 年，当美国开展第 100 次载人航天飞行任务时，这面国旗又随“STS–71”航天飞机再次飞上太空，同时这次任务也是美国航天飞机首次与俄罗斯“和平号”空间站对接。至今，这面极具历史意义的国旗仍被放在肯尼迪航天中心的展厅。

2020 年 5 月 30 日，另一面极具重大意义的美国国旗随 SpaceX“载人龙”飞船返回地球（图 9–13）。这面国旗曾在美国航天飞机第一次航天飞行（1981 年的 STS–1 任务）和最后一次航天飞行（2011 年的 STS–135 任务）中随机旅行，它见证了美国 40 年的太空发展史。

图 9–13　SpaceX "载人龙" 飞船进入国际空间站与工作人员及即将带回的国旗合影

2. 月球

美国首次登月任务所用国旗旗面本身是尼龙材质，国旗边缘缝制的旗杆套刚好能使金属棒顺利穿过，这样国旗就能在月球表面无风的环境中自由展开，像是在“飘动”一样。航天员将这面国旗绑在一根 2400 多毫米高的旗杆上并将其插入月壤中。依据 NASA 官方记录，美国航天员先后共在月球表面留下了 6 面美国国旗（图 9–14）。1971 年尼克松总统访华时还赠送给毛泽东主席一面随“阿波罗 12 号”登月的美国国旗，现收藏于中国国家博物馆。

3. 太空

美国国旗除了被带到太空和月球之外，也通过无人探测器被带到了更远的地方。1976 年 7 月 20 日，“海盗 1 号”探测器带着美国国旗在火星表面着陆。再后来，“先锋10号”“先锋11号”“旅行者1号”“旅行者2号”“新地平线号”等探测器先后携带了5面美国国旗离开地球。其中发射于1972年2月28日的“先锋10号”在传输回木星和土星的相关资料后，又穿过了海王星轨道，在2003年1月23日传来最后一个微弱的信号之后，就彻底与地球失去了联系。飞得最远的是“旅行者1号”，在它起飞37年后，成为首个冲出太阳系的人类制造的飞行器。2018年6月9日，最后一次监测到“旅行者1号”，之后再无数据更新，它还在宇宙空间中孤独地飞行着。

图9–14 1971年7月30日，“阿波罗15号”任务期间，航天员大卫·斯科特在月球上对着美国国旗敬礼

（四）印度国旗

1984 年 4 月 3 日，印度第一位航天员拉凯什 · 夏尔马同苏联航天员斯特列卡洛夫一起乘坐“联盟 TM11 号”飞船飞上太空。拉凯什 · 夏尔马也就正式成为首位进入太空的印度人。他航天服上的三色旗徽章至今仍是印度人到过太空的见证。

印度当地时间 2008 年 11 月 14 日下午 8 点 31 分，印度发射的 4 个外表面印有印度国旗图案的探测器成功撞击月球表面，这也使得印度成为继美国等国之后，又一个在月球表面留下过国旗的国家。（图 9–15）

截至目前，有近 40 个国家的航天员进入过太空。除上面提到的以外，还包括日本、越南、德国、罗马尼亚、以色列、英国、法国、意大利、西班牙、南非、加拿大、捷克、斯洛伐克、蒙古、伊朗、匈牙利、阿富汗、奥地利、巴西、比利时、荷兰、瑞典、马来西亚、韩国等国家的航天员，他们均在美国或者俄罗斯（或苏联）的帮助下，实现了本国航天员进入太空的梦想。

图 9–15　印度成功发射月球探测器

三 航空航天中五彩斑斓的工作服

在航空航天领域，航天员所穿的服装是保护其不受低温、射线等侵害并提供生存所需氧气的保护服。而特定的颜色主要有三个方面的作用：一是飞行员的保护色，具有一定的伪装作用，如天蓝色、草绿色、沙漠黄色、迷彩色等；二是反射射线，尽可能地减少射线对人体的伤害，此类主要为白色；三是标识作用，便于识别，用得较多的是橙黄色。根据工作环境的不同，航空航天工作服大致可分为航空飞行服、舱内航天服、舱内常服、舱外飞行服等。

（一）航空飞行服

飞行装是空勤特种工作服的一种。随着飞行器的发展，飞行服也在不断地改进。飞机的第一次大规模使用是在第一次世界大战期间，此时飞机的密封性不好，为保暖、防风、轻便，飞行员的着装多为帆布制作的连体衣，外着带有厚重毛领的皮夹克。随飞机诞生的象征着尊贵、荣誉的皮夹克及其各种改良版，至今仍是众多时髦人士的“心头好”。（图9–16）

图 9–16　第一次世界大战时的飞行服

第二次世界大战时期，与飞行器相关的科技水平有很大的提高，飞机被广泛用于战场。此时各国的飞行服以保暖、高强度、防火为主要目的。因为飞机密封性能依然不佳，所以即使是在夏天，高空作业的飞行员依然得穿上保暖的皮衣；且爆炸产生的碎片及火焰也会对飞行员的生命构成极大的威胁，皮质衣服的强度及阻燃性能都高于棉质衣服。第二次世界大战初期，飞行员多配备的是皮衣，一般为皮革的本色——棕色或黑色（图9–17）。第二次世界大战后期，飞行员人数增多，军需费用大大提高，皮质材料变得稀缺昂贵，只配发给高级军官；同时皮棉工作服成为主流，颜色为卡其、深蓝或橄榄绿，其中卡其色和深蓝色是帆布的常见颜色，橄榄绿色比较接近现在的军绿色。

图 9–17　第二次世界大战时期美国空军飞行服

我国的第一个飞行队成立于 1949 年 8 月 15 日。根据苏军飞行服仿制的 50 式飞行服是第一代空勤被服装备。夏季飞行服为草绿色平纹布连身装配黑色光面羊皮革的皮服；冬季飞行服为草绿色人字布为面、羊毛皮为里的连身装。之后，由于在抗美援朝实战中发现连体衣穿脱、使用不方便，且袖口、裤口设计不合理，还曾因袖口带动按钮而造成事故，1953 年将连体衣改成了上下分开的样式，上部分为夹克式，下部分为裤子。

随着人民空军的不断发展，战机性能和武器装备都发生了变化。为适应新的作战特点，加强配套建设，提高航空部队作战能力，研制了02式空勤特装，并于2004年12月开始装备部队。飞行服选用了新材料和新工艺，使其整体性能获得了进一步提升。夏季飞行服为由毛、涤、黏胶纤维混纺制成的蔚蓝色的连体装。春秋季飞行服为由山羊服装革制作的夹克，搭配由麦尔登呢制作的浅灰蓝色裤子，裤子具有阻燃功能。冬季飞行服是山羊服装革的夹克中又夹了丙纶絮片，保暖效果更好。新型飞行服统一了服装颜色，具有空军特点。

2009年之后，一改02式飞行服的“空军蓝”，新研制的新型连体飞行服通体换成了浅草绿色，提高了飞行员在地面的隐蔽性能。除此之外，新式飞行服采用先进材料制作，具有防火、防水、防刺、防钩挂的功能，大大提升了飞行员在战时遇险跳机后的野外生存概率。（图9–18）

近年来，考虑到海上救生的问题，我国飞行员正在换装绝热型

图9–18　我国飞行员穿着新式飞行服

浸水保温服，又名抗浸防寒飞行服。这种飞行服一般有两层，即透气不透水的抗浸层，及由羽绒及丙纶填充的保暖层。一般情况下，人在近冰点的冷水中只能存活 5 分钟，最多不会超过 15 分钟。抗浸服要能保证落入冷水中的飞行员至少在 2 小时内不被冻到无法救治的程度。作战部队的抗浸防寒飞行服大部分为墨绿色，海军航空兵直升机搜救部队装备的是橙红色抗浸服。

国外空军飞行服的颜色多与其当地的地貌有关，一般为丛林绿色、沙漠黄色，都属于保护色，能在飞行员跳伞落地后起到伪装作用。为了尽最大可能保障飞行员落地后的安全，更具伪装性能的迷彩飞行服的研究已被提上日程。

俄罗斯空军传统的连体服以蓝色和土灰色为主，蓝色主要是兵种色（图 9–19），实战则多采用土灰色飞行服，是为中亚地区的环境而设计的，在荒漠地形中有一定的隐蔽能力。俄罗斯海军航空兵飞行服曾是独特的橙色，设计目的是为了方便海上救援。但太过醒目的颜色在战时不适用。在叙利亚战争中，就有跳伞逃生的飞行员被射杀。之后，俄罗斯开始研制并装备针对俄罗斯国内以及植被繁茂的东欧地区的林地数码迷彩飞行服。（图 9–20）

图 9–19　穿蓝色飞行服的俄罗斯飞行员

图 9–20　穿迷彩飞行服的俄罗斯飞行员

相比之下，西方国家战斗机飞行员的飞行服颜色多以深绿色为主，这

图 9-21 各国飞行服

主要是针对其平原地形而设计。美军也有沙漠黄色的飞行服，主要用于中东和中亚地区的沙漠环境。美军陆航飞行员则使用了和陆军士兵迷彩服相似的迷彩飞行服，这显然也是考虑落地后的作战环境。美国海军蓝天使飞行表演队使用蓝色的连体飞行服，是因为蓝色是兵种色。

随着科学技术的发展，由空中侦察、空中作战等组成的空中军事威慑已成为一个国家军事实力的重要组成部分，与此相对应的飞行员装备也在不断升级，飞行服的颜色也由最初的“本色”，如棉服多为卡其色、皮夹克多为棕色，到各种环境伪装色，如天空蓝色、沙漠黄色、浅草绿色等，看似只是服装颜色的变化，实则都是在战争中用鲜血总结的经验教训。（图 9-21）

（二）舱内航天服

舱内航天服，一方面保障航天员在飞船起降过程中的气压供给；另一方面航天服附带有通信器材、生存逃生用工具、应急食品和药物等，可让事故中的航天员开展自救，并利于地面人员的搜救。

1. 苏联及俄罗斯的航天服

作为人类首次载人航天飞行的乘客，加加林穿着的航天服是加压航天服，鲜艳的橙色是为了发生意外时便于营救（图 9–22）。白色的 Sokol–K 型舱内航天服服役时间很长，苏联时期至俄罗斯现在仍在使用，其间有过升级换代，但外貌变化较小。橙黄色搭配深蓝色的 Sokol–M 是俄罗斯最新展出的航天服，更具设计感，它由新材料制成，并且尺寸大小具有可调节性。

图 9–22　穿着橙色航天服的航天员

2. 美国的航天服

美国的太空之旅开始于 1961 年。随着技术的发展，航天服也一直在更新，不过由于防辐射、示警等原因，航天服的颜色大部分都是白色、蓝色或橙色。

1961 年，美国“水星计划”中的航天员艾伦 · 谢泼德穿着的海军 IV 型航天服，又被称为“锡箔纸”航天服，这种银白色设计可能是为了隔热，同时反射光线，以保护航天员。

1981—1982 年，在 NASA 航天飞机计划早期的测试任务中，为防止出现意外，航天飞机的座椅是可以弹出的。为了便于发现、救援被弹出的航天员，其弹射逃生航天服采用的是显眼的橙黄色。随着科学技术的发展，飞机的各项性能逐渐优越，航天员不再需要穿压力服，只用穿着带有氧气头盔的蓝色飞行服即可。

但 1986 年，“挑战者号”航天飞机骤然失事，7 名航天员无一生还。为了更好地保护航天员，在发生事故时能第一时间确认并找到航天

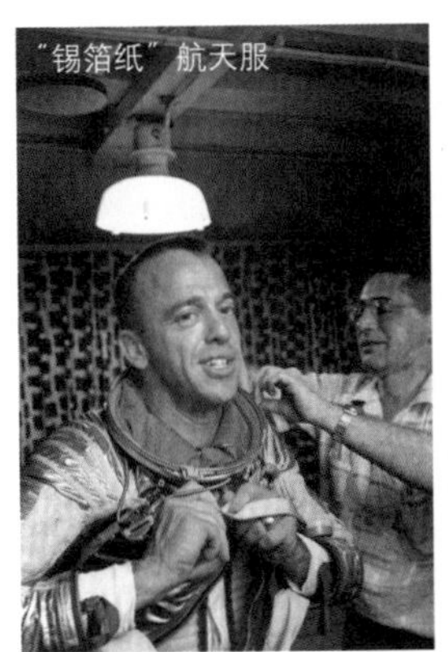

图 9–23　美国航天服的演变

员，具有高级逃生系统的航天服被研制出来，颜色又回归到橙色，此款航天服更被称为“南瓜服”。

为了实行商业乘员计划，2014年埃隆·马斯克邀请了《蝙蝠侠》《美国队长》《复仇者联盟》等超级英雄电影的服装设计师们，专门设计了黑白搭配的SpaceX航天服。此款航天服贴身合体、线条简单，极具未来感与星战风。波音公司则邀请经验丰富的航天员参与设计，采用波音公司标志的深蓝色，设计了更轻便、灵活的航天服。

在近年美国提出的重返月球计划中，NASA研发了“猎户座”飞船乘员生存系统航天服。这套航天服跟“南瓜服”一样，也被设计成了鲜亮的橙色。不管是在海上，还是在陆地上，身着鲜亮橙红色航天服的航天员，更容易被发现。（图9–23）

图9–24 “神舟十三号”机组乘员

3. 中国的航天服

中国航天服设计以白色为主，调节衣服尺寸的带子及徽章多为空军蓝色，美观大气。（图9–24）

随着技术的发展，舱内航天服的颜色除了常规的白色、示警的橙色、天空的蓝色，其实未来还可以有更多的颜色。因为抗压、防辐射、定位等功能都会由更好的设备来代替，因此航天员可以自由发挥创意进行颜色选择，以抵抗太空中由于工作压力大、环境密闭、空间小而感到无聊或抑郁。

（三）舱内常服

宇宙飞船入轨并完成对接后，航天员在舱内工作时就可以穿舱内常服，此时多以舒适、方便开展工作为宜。关于颜色，因为舱内环境比较适宜，大家可以穿自己喜欢的衣服，不过大部分还是会穿代表自己身份的衣服，如本身是军人的航天员大多穿着空军的连体服，工程师或科学家经常穿着带有机构 LOGO 的衣服。我国航天员由于全部是现役军人，统一着装为特别设计的蓝色连体服。（图 9–25，图 9–26，图 9–27）

图 9–25　美国航天员在国际空间站庆祝美国独立日

图 9–26　俄罗斯航天员太空"踢球"迎世界杯到来

图 9–27　"神舟十二号"机组乘员在"天宫"内

（四）舱外飞行服

舱外飞行服基本都是白色，如美国登月航天服、国际空间站太空行走航天服、中国的“飞天”航天服。太空作业时，之所以选用白色作为主体颜色，主要有三个方面的原因：一是在漆黑的太空中，白色比较醒目；二是白色有良好的反射功能，可以反射掉部分对人体有害的宇宙射线；三是白色的热辐射率最低，在阳光照射时，可反射掉绝大部分的热光源。航天服的白色，加上其由阻燃的特殊材料制成，可以耐受太空阳光直射时产生的100℃以上的高温。就连空间站的外侧也覆盖着一层类似的材料，可以帮助空间站抵御强烈的阳光，避免舱体温度过高。这样空间站内的温度就更容易稳定，也可以节省不少电能。

舱外飞行服除主体颜色为白色外，还会有一些修饰性的线条或色块，如美国主要是红色和蓝色，中国主要是红色和黄色。这可能是参考了国旗的颜色。（图 9–28，图 9–29，图 9–30）

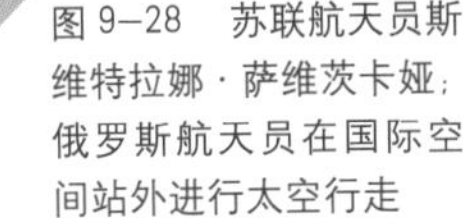

图 9–28　苏联航天员斯维特拉娜·萨维茨卡娅；俄罗斯航天员在国际空间站外进行太空行走

图 9–29　美国航天员完成了人类首次无安全索太空行走；NASA 发布新一代航天服 xEMU，用于 2024 年的登月计划

图 9–30　中国首次太空行走，航天员身穿新一代“飞天”舱外航天服，2021 年，用于中国空间站“天宫”

10 航空航天纺织品面临的挑战及未来的发展

一 引言

《中国制造 2025》提出，要将中国从制造业大国升级为制造业强国。航空航天产业最能体现和检验一国制造业的水平，其发展程度的高低也是决定一个国家能否成为制造业强国的重要标志之一。为此，我国制定了航空航天产业在未来几十年的发展目标：2035 年，进入航空航天强国行列；2050 年，成为世界一流航空航天强国。

发展航空航天产业是国家的使命，更是硬需求。随着“神舟十二号”和“神舟十三号”载人飞船的成功发射，纺织材料及其加工技术的发展被提出了更新、更高的要求，同时也在极大地拓宽着航空航天领域的深度和广度。航空航天产业中的纺织品科技含量高、附加值大、应用领域广，已然在航空航天领域成了无可替代的高科技产物，发挥着越来越重要的作用。

二 航空航天产业的发展对纺织材料提出的挑战

产业的需求推动着相关科学技术的进步与发展，航空航天正朝着高速、巨型、柔性及轻量等方面不断前进。未来，随着新型纺织材料与纺织新工艺的不断涌现，航空航天产业必将不断发展壮大。由于航空航天纺织材料的性能设计与飞行器的各项指标要求息息相关，出于对航空航天安全性的考虑，下面以飞行器为例，谈谈航空航天纺织材料将面临的挑战。

（一）飞行器的高速化

飞行器是在大气层内或大气层外空间（太空）飞行的器械，主要包括航空器、航天器、火箭和导弹。飞行器的高速化是航空航天领域最重要的发展方向之一，具有重大的战略意义和社会经济价值。19 世纪末以来，发达国家之间不断进行空中竞赛，并依靠建立的优势操纵着世界局势。飞行器速度的提升，既是国家综合国力的体现，又带动了相关高新技术的发展，推动了科学技术的进步，还凝聚、培养了大批高层次创新人才，并最终惠及人们的日常生活。

飞行器在高速飞行过程中，会进入因发动机燃气、空气动力加热和太阳辐射等产生的高温环境，长时间的高速飞行也会导致机身各部件持续受热。在较低飞行速度下，机身会长期暴露在约 100℃的热环境中。而当航天器以超声速巡航时，机身所承受的温度将达到 170℃。航天器在正常寿命（约 25 年）内会经受约 3.5 万次不同程度的热循环，这对航天器表面及内部材料的耐热及热疲劳性能提出了严格的要求。此外，发射阶段火箭燃气的喷射温度高达 3000℃，喷射速度为 10 ~ 20 马赫，该类材料的设计不仅要考虑高温高速的气流，还需要防范燃气中的固体粒子流冲刷。

而低温环境则是由空间属性和低温推进剂造成的。在某些寒冷地区，机场的停放温度仅为 −40℃。当飞行器在同温层高速飞行时，机身温度将降至约 −50℃。这都对航空材料的耐寒性能提出了挑战。太空的极端低温（−270.3℃）也是需要考虑的环境因素。飞行器推进所需的液氧（沸点 −183℃）和液氢（沸点 −253℃）也时刻考验着材料的耐低温性能。

因此，为了能够广泛适用于航空航天领域，由飞行器高速化所产生的对高低温极端环境的耐受要求，是未来纺织材料不可或缺的基本性能。

（二）飞行器的巨型化及柔性化

超大型飞行器的研制已被列入我国“十四五”规划的科研项目指南。未来，我们可以充分利用空间资源探索宇宙奥秘，并且长期在轨居住，千米量级尺寸的超大型飞行器是重大的战略性航天装备。这意味着航天器不再仅限于小型太空实验室，而将成为未来集生产、生活和科研于一体的太空基地，进而成为人类探索深空的基地。超大型飞行器将包括空间太阳能电站、载人深空飞行组合体等，具有超大型的结构。

然而，飞行器的超大型结构将给纺织材料带来巨大挑战。随着飞行器的巨型化发展，航空材料所接触的空间环境面积将逐渐增大，主要包括大气环境和组件内所包含的众多介质。与此同时，飞行器内部包含的燃料、推进剂、润滑油等与局部材料保持持续接触的介质的载量也逐渐增大，它们均会对材料的性质和使用寿命造成影响，也必定会在材料的设计阶段被纳入考虑范围。在涵盖航空材料部分性质的基础上，航天材料所特有的接触环境，还体现在高度真空以及高强度的宇宙辐射，这些均会加速材料的老化，造成材料不可逆的损伤。因此，航空航天纺织材料需要维持长时间的性能稳定以确保任务的顺利实施。面对复杂的空间环境，材料的自身性质或防护性能要经受着严峻的考验，适应飞行器巨型化以延长服役时间是航空航天材料不得不解决的难题。

超大型的飞行器以现有的航天技术储备是无法将其直接发射至太空中的。因而超大型飞行器应该具有适宜的延展性和柔软性，可以较小的体积被送入太空，并在特定的条件下进行展开，以满足巨型化的需求。要想实现超大型飞行器的柔性化，高性能纤维的编织

便是其中重要的环节。由于纱线和织物的结构特点，高性能纤维在编织过程中的力学性能往往会大幅损伤，同时在太空中还存在着织物的疲劳、松弛、蠕变等问题。因此，如何克服太空环境下纱线和织物的理化性能劣化仍需探究。

超大型飞行器的构建具有十分广阔的应用前景，是推动深空探测，甚至是未来人类居住太空的重要一环。“天宫”空间站的建设，为大型在轨航天器的组装积攒了宝贵的经验，随着我国航空航天产业的不断发展和进步，未来超大型飞行器的组装终将顺利实现。

（三）飞行器的轻量化及工程化

轻量化也是飞行器必须满足的条件。在航空领域，结构材料的减重不仅能够提升运载能力、降低能耗，还能降低投入成本，从而产生直接的经济效益。在深空探测中，飞行器通常需要携带大量探测设备、大面积太阳能翼板以及大口径天线等。基于当下火箭研制的技术限制，为避免超重，飞行器自身结构的轻量化设计必不可少，这直接决定了航天器的最大负载量。钱学森曾言：“航天器一个零件减少一克重量都是贡献。”这足以表明材料的轻量化设计在航天领域的重要地位。轻量化不仅是航空航天材料设计的根本，更是决定飞行器运载能力的关键，这已成为航空航天材料不可或缺的重要性能之一。

针对轻量化，便是对材料高强度、轻质目标的不断追求。提高材料的比强度，意味着相同质量能够承受更大的有效载荷，使航天器的运载能力增强。结构质量的减少意味着携带燃油量或其他载荷的提升，机动性能随之提高，飞行距离得以加大，有利于飞行器各项指标的全面提升。相较于金属及合金材料，纺织材料由于自身的组织结构特性，能够很好地满足相关的轻质要求。然而，在强度及刚度方面，不同纺织材料的表现则大相径庭。目前，在航空航天领域应用最广泛的纺织材料为碳纤维材料，其比强度超出钢与铝合金的数倍，飞行器结构设计中纺织材料的比例也在不断扩大。未来，随着纤维复合材料技术的逐步发展，航空航天产业链将迎来新的重大变革。

三　未来航空航天业及纺织品的蓝图描绘和愿景畅想

航空航天科技的兴起，打开了崭新的视野格局，也对其他学科领域提出了新的要求。在此过程中，各学科领域的技术在不断交叉、渗透、融合、突破。纺织科技在为航空航天产业提供新型、特种功能性材料的同时，从舱内装饰、个体防护、机体构造材料的功能发展和性能完善方面不断突破自我，发挥着自身不可替代、不可忽视的重要作用。

纺织科技是重要的。纺织产品的设计理念已经从实用廉价、时尚美观转变为健康环保、科技时尚、高端智能。纺织科技也在综合考量多种因素的基础上，不断契合生态环境变量，实现功能性创新设计，助力高精尖领域的快速发展。

未来，导弹将向着隐形、抗干扰、超高速、高精度、强作战、小型化和智能化全方位发展。随着人类探索太空的脚步不断向更远处迈进，对航空航天用纺织品的技术创新也提出了新的要求。无尽的创造终将属于真正有科技创新能力的人。在航空航天发展的历史进程中，纺织人紧跟时代步伐、夯实基础技术、致力关键节点、牢抓发展机遇、推动科技发展、实现重大突破。

新的时代赋予了纺织人新的使命，未来可期！

四 结语

《中共中央关于制定国民经济和社会发展第十四个五年规划和二〇三五年远景目标的建议》指出，国家将持续加大对航空航天等产业的支持力度。这对未来我国航空航天业的发展将会起到积极的推动作用。未来，纺织科技在众多科技的助力下，必将推动航空航天业蓬勃发展。

我们满怀信心，憧憬美好！

未来星辰闪耀，星河璀璨！

参考文献

[1] 罗益锋 . 国外 PAN 原丝及碳纤维专利分析报告 (2)[J]. 高科技纤维与应用 ,2007(1):4-7+13.

[2] 端小平 , 郑俊林 , 王玉萍 , 等 . 我国高性能纤维及其应用产业化现状和发展思路 [J]. 高科技纤维与应用 ,2012,37(1):8-13.

[3] 姚穆 . 高性能纤维产业发展的关键问题 [J]. 西安工程大学学报 ,2016,30(5):553-554.

[4] 商龚平 , 马琳 . 对我国高性能纤维产业发展的思考 [J]. 新材料产业 ,2019(1):2-4.

[5] 赵秋艳 . 火星探路者的可膨胀气囊着陆系统综述 [J]. 航天返回与遥感 ,2001,22(4):6-12.

[6] 蒋谱成 , 武坦然 , 张宇涵 . 近地空间飞艇发展现状与趋势 [J]. 空间电子技术 ,2008,5(3):5-10.

[7] 尹志忠 , 李强 . 近空间飞行器及其军事应用分析 [J]. 装备指挥技术学院学报 ,2006,17(5):64-68.

[8] 姜振寰 . 飞机百年史 [J]. 科学 ,2003,55(4):46-48.

[9] 兰永明 , 曹站和 . 空地对抗史话 (上)[J]. 国防 ,2003(5):62-63.

[10] 王绪智 . 空中哨所 : 飞艇将承担预警重任 [J]. 现代兵器 ,2003(5):32-35.

[11] 北京市建筑设计研究院国家体育场方案组 . 奥林匹克公园上空的“飞艇”[J]. 建筑创作 ,2003(Z1):66-77.

[12] 君旺 .“齐柏林”飞艇一百周年纪念 [J]. 航空知识 ,2000(9):33.

[13] 吴健 . 预警飞艇重出江湖 [J]. 科学之友 ,1999(2):32-33.

[14] 钱云山 . 飞艇百年沧桑 [J]. 航空知识 ,1999(1):45.

[15] 常增书 . 一次历史性飞行 : 记 1920 年北京 - 天津的首次航空邮递 [J]. 航空知识 ,1996(10):27-29.

[16] 厉兵 . 航空母舰博物馆 [J]. 世界知识 ,1983(7):14.

[17] 董务民 , 王应时 , 李素琴 . 关于飞艇 [J]. 力学情报 ,1975(2):81-88.

[18] 李星燕 . 百年前金属飞艇背后故事 [J]. 科学大观园 ,2009(20):73-74.

[19] 鸿飞，邓彬彬．飞艇时代的光荣与梦想 [J]. 今日民航，2015(Z6):88–95.

[20] 刘军虎，刘振辉，纪雪梅，等．平流层飞艇蒙皮材料的研究现状 [J]. 信息记录材料，2016,17(2):1–5.

[21] 曹旭，顾正铭，王伟志．可用于平流层飞艇蒙皮的 PBO 织物编织和性能研究 [J]. 航天返回与遥感，2008,29(3):57–62.

[22] 李建云．飞行传奇 [J]. 飞碟探索，2007(2):46–47.

[23] 王维相，翁亚栋．系留气球和飞艇的应用与发展 [J]. 世界橡胶工业，2007(10):44–49.

[24] 佳木．漫谈飞艇发展史 [J]. 发明与创新（综合科技），2011(3):42–43.

[25] 李万明，陶威．我国浮空器的发展与标准现状 [J]. 航空标准化与质量，2012(4):18–20.

[26]李荣．飞艇的前世今生（中）[J]. 百科探秘（航空航天），2015(11):11–14.

[27] 胡德友，董林海，翁昌树，等．铝镁合金厚板 TIG+MIG 焊接缺陷原因分析 [J]. 信息记录材料，2018,19(4):16–18.

[28] 刘春，谢春萍，苏旭中，等．假捻器在环锭细纱机上的应用效果及工艺优化 [J]. 纺织学报，2018,39(7):27–31+38.

[29] 马衍富．不同透气性的伞衣织物与降落伞的发展 [J]. 产业用纺织品，1998(8):5–8.

[30] 赵钊辉．降落伞伞衣面料的开发 [J]. 棉纺织技术，2020,48(7):39–42.

[31] 张红英，童明波，吴剑萍．降落伞充气理论的发展 [J]. 航天返回与遥感，2005,26(3):16–21.

[32] 陈旭，荣伟，陈国良．“火星探测漫游者”降落伞的研制 [J]. 航天器工程，2007,16(2):50–56.

[33] 李峰．自适应救生降落伞伞材织物的研制 [J]. 合成纤维，2017,46(12):44–46.

[34] 曹国兰，崔运花，马玲．锦纶织物阻燃整理工艺优化研究 [J]. 上海纺织科技，2012,40(2):32–34.

[35] 牛鹏霞，杨彩云．特种绳纤维材料的发展和应用 [J]. 产业用纺织品，2010,28(12):33–36.

[36] 胡琪，魏茂军，张光才．伞兵的翅膀：军用降落伞及其发展趋势 [J]. 环

球军事,2006(15):48-49.

[37] 牛鹏霞,杨彩云. 伞绳用纺织材料发展概况 [J]. 陕西纺织,2010(3).

[38] 卢济明. 人类降落伞发展简史:从天空中徐徐降落,是早期人类的幻想 [J]. 军事史林,2003(6):53-56.

[39] 马衍富. 降落伞伞衣织物的设计特点 [J]. 产业用纺织品,2000(8):14-18.

[40] 高树义,李健."天问"一号火星探测器降落伞研制回顾 [J]. 中国航天,2021(6):32-38.

[41] 房冠辉,吕智慧,李健,等. 火星着陆探测降落伞减速技术途径 [J]. 南京航空航天大学学报,2016,48(4):469-473.

[42] 王立武,房冠辉,李健,等. 降落伞超声速低动压高空开伞试验 [J]. 航天返回与遥感,2020,41(3):1-9.

[43] 马衍富. 降落伞的发展与纺织材料 [J]. 产业用纺织品,1995(3):4-11.

[44] 王瑞良. 降落伞的诞生与发展 [J]. 中学科技,2008(11).

[45] 王伟,常新龙,张有宏,等.T700 纤维缠绕发动机壳体力学性能分析及优化设计 [J]. 科学技术与工程,2021,21(7):2962-2966.

[46] 李正义,陈刚. 玻璃纤维缠绕壳体在固体火箭发动机一二级上的应用研究 [J]. 航天制造技术,2011(1):49-52.

[47] 李莹新,莫纪安,王秀云,等. 固体火箭发动机壳体复合材料研究进展 [J]. 航天制造技术,2020(4):65-69.

[48] 熊健,李志彬,刘惠彬,等. 航空航天轻质复合材料壳体结构研究进展 [J]. 复合材料学报,2021,38(6):1629-1650.

[49] 刘昌国,邱金莲,陈明亮. 液体火箭发动机复合材料喷管延伸段研究进展 [J]. 火箭推进,2019,45(4):1-8.

[50] 刘婷,王春林,张游,等. 运载火箭底部防热软结构硅胶布制备工艺改进 [J]. 上海航天(中英文),2020,37(S2):211-216.

[51] 王亚军,刘树仁,吴义田,等. 运载火箭柔性防热材料隔热性能的试验研究 [J]. 航天器环境工程,2019,36(1):56-60.

[52] 孙侠生,胡红东. 国外民用飞机结构强度技术的发展思路研究 [J]. 航空科学技术,2004(6):23-26.

[53] 郝新超，胡杰．三维编织技术在航空航天中的应用[J]. 中国科技信息，2019(21):25-26.

[54] 戎琦．三维机织复合材料的织造技术[J]. 纤维复合材料，2007,24(1):31-33.

[55] 蒋高明，高哲．经编技术在航空航天领域的应用与展望[J]. 纺织导报，2018(S1):88-91.

[56] 陈利，赵世博，王心淼．三维纺织增强材料及其在航空航天领域的应用[J]. 纺织导报，2018(S1):80-87.

[57] 兰宁远．天地交响：中国第一颗人造地球卫星“东方红一号”诞生记[J]. 国防科技工业，2020(3):58-61.

[58] 季鹤鸣．航空动力百年回顾（一）[J]. 航空发动机，2003(1):56-58.

[59] 王庆官，李本威，卢洪义．航空发动机新技术的应用与发展[J]. 海军航空工程学院学报，2001(4).

[60] 刑天．卫星表面的金色薄膜 一种重要的军事和工业材料[J]. 航空知识，2017(5):80-83.

[61] 崔伟光，乔波．“太空国旗”是如何绣出来的?[J]. 太空探索，2008(11):62-63.

[62] 高杰．各国国旗的太空之旅[J]. 航天员，2019(6):62-64.

[63] 肖志军，管春磊，李潭秋．俄美航天服回顾与展望[J]. 航天医学与医学工程，2011,24(6):460-466.

[64] 陈树刚，席林斌，李潭秋，等．舱内航天服现状及发展趋势[J]. 载人航天，2021,27(6):779-788.

[65] 贾玉红．航空航天概论[M].4 版．北京：北京航空航天大学出版社，2017.

[66] 于伟东．纺织材料学[M]. 北京：中国纺织出版社，2006.

[67] 老粥科普．长征五号火箭“黑丝带”乱飘暴露缺陷？其实那是黑科技[EB/OL].(2021-05-02)[2022-02-02].

[68] 瑞安・达戈斯蒂诺，文娜．不锈钢比碳纤维更轻更结实？马斯克：千真万确[J]. 卫星与网络，2019(3):68-69.

[69] 孙理．一起看看嫦娥四号上的“兰州制造”[N/OL]. 兰州日报，2018-12-10[2022-02-02].

[70] 曹根阳，王运利．“织物版”五星红旗首次在月球成功展示，背后有武汉这所高校科研团队 [N/OL]. 人民日报 ,2020-12-07[2022-02-02].

[71] 武永明．“天问一号”上的两面五星红旗,510 所研制 ![N/OL]. 兰州晨报 ,2021-05-25[2022-02-02].

[72] 王宇．时隔 5 年，东华大学“科技＋设计”再次“守护”中国航天员踏上太空征程 [N/OL]. 东华大学新闻中心 ,2021-06-17[2022-02-02].

[73] 风伊万．人民空军服装的变迁 [J]. 航空知识 ,2010(1):55-57.

[74] 刘建伟，徐平．人民空军服装六十年 [M]. 北京：蓝天出版社 ,2009.

[75] 万志强．认识航空 [M].2 版．北京：化学工业出版社 ,2019.

[76] 中国航空学会 .2049 年中国科技与社会愿景：航空科技与未来航空 [M]. 北京：中国科学技术出版社 ,2020.

[77] 薄元旺．新型快卸式航空安全带的研制 [D]. 南昌：南昌航空大学 ,2018.

[78] 刘敏，张巍，宫献文，等．囊式充液抗荷服设计与研制 [J]. 航天医学与医学工程 ,2021,34(3):194-200.

[79] 林刚．碳纤维产业“聚”变发展 :2020 全球碳纤维复合材料市场报告 [J]. 纺织科学研究 ,2021(5):27-49.

[80] 游君，董佩佩．碳纤维复合材料在航空航天领域的应用探讨 [J]. 中国战略新兴产业 ,2020(18):11.

[81] 高铁军．全球航行的太阳能飞机试飞成功 [J]. 决策与信息 ,2010(10):8.

[82] 曹运红．用于导弹雷达天线罩的材料、工艺现状及未来发展趋势 [J]. 飞航导弹 ,2005(5):59-64.

[83] 刘若沁．昔日的梦想 今天的现实 记中国第一台飞机发动机研制者邓曰谟 [J]. 资源节约与环保 ,2013(7):10.

[84] 刘大响．一代新材料，一代新型发动机：航空发动机的发展趋势及其对材料的需求 [J]. 材料工程，2017，45(10):1-5.

[85] 张建军．雷达罩：飞机雷达的“防护镜”[J]. 大飞机 ,2018(3):80-81.